国家彩票公益金资助 · 大字版

顾森 著

精妙的证明

思考的乐趣
Matrix67数学笔记

中国盲文出版社

图书在版编目（CIP）数据

精妙的证明：大字版 / 顾森著. —北京：中国盲文出版社，2020.10

（思考的乐趣：Matrix67 数学笔记）

ISBN 978 - 7 - 5002 - 9991 - 2

Ⅰ.①精…　Ⅱ.①顾…　Ⅲ.①数学—普及读物
Ⅳ.①01 - 49

中国版本图书馆 CIP 数据核字（2020）第 176695 号

精妙的证明

著　　者：顾　森
出版发行：中国盲文出版社
社　　址：北京市西城区太平街甲 6 号
邮政编码：100050
印　　刷：东港股份有限公司
经　　销：新华书店
开　　本：710×1000　1/16
字　　数：65 千字
印　　张：9.5
版　　次：2020 年 10 月第 1 版　2020 年 10 月第 1 次印刷
书　　号：ISBN 978 - 7 - 5002 - 9991 - 2/0・44
定　　价：28.00 元
销售服务热线：（010）83190520

序一

我本不想写这个序。因为知道多数人看书不爱看序言。特别是像本套书这样有趣的书，看了目录就被吊起了胃口，性急的读者肯定会直奔那最吸引眼球的章节，哪还有耐心看你的序言？

话虽如此，我还是答应了作者，同意写这个序。一个中文系的青年学生如此喜欢数学，居然写起数学科普来，而且写得如此投入又如此精彩，使我无法拒绝。

书从日常生活说起，一开始就讲概率论教你如何说谎。接下来谈到失物、物价、健康、公平、密码还有中文分词，原来这么多问题都与数学有关！但有关的数学内容，理解起来好像并不是很容易。一个消费税的问题，又是图表曲线，又是均衡价格，立刻有了高深模样。说到最后，道理很浅显：向消费者收税，消费意愿减少，商人的利润也就减

少；向商人收税，成本上涨，消费者也就要多出钱。数学就是这样，无论什么都能插进去说说，而且千方百计要把事情说个明白，力求返璞归真。

如果你对生活中这些事无所谓，就请从第二部分“数学之美”开始看吧。这里有“让你立刻爱上数学的 8 个算术游戏”。作者口气好大，区区几页文字，能让人立刻爱上数学？你看下去，就知道作者没有骗你。这些算术游戏做起来十分简单却又有趣，背后的奥秘又好像深不可测。8 个游戏中有 6 个与数的十进制有关，这给了你思考的空间和当一回数学家的机会。不妨想想做做，换成二进制或八进制，这些游戏又会如何？如果这几个游戏勾起了你探究数字奥秘的兴趣，那就接着往下看，后面是一大串折磨人的长期没有解决的数学之谜。问题说起来很浅显明白，学过算术就懂，可就是难以回答。到底有多难，谁也不知道。也许明天就有人想到了一个巧妙的解法，这个人可能就是你；也许一万年仍然是个悬案。

但是这一部分的主题不是数学之难，而是数学之美。这是数学文化中常说常新的话题，大家从各自不同的角度欣赏数学之美。陈省身出资两万设计出版了“数学之美”挂历，十二幅画中有一张是分形，是唯一在本套书这一部分中出现的主题。这应了作者的说法：“讲数学之美，分形图形是不可不讲的。”喜爱分形图的读者不妨到网上搜索一下，在图片库里有丰富的彩色分形图。一边读本书，一边欣赏神秘而美丽惊人的艺术作品，从理性和感性两方面享受思考和观察的乐趣吧。此外，书里还有不常见的信息，例如三角形居然有5000多颗心，我是第一次知道。看了这一部分，马上到网上看有关的网站，确实是开了眼界。

作者接下来介绍几何。几何内容太丰富了，作者着重讲了几何作图。从经典的尺规作图、有趣的单规作图，到疯狂的生锈圆规作图、意外有效的火柴棒作图，再到功能特强的折纸作图和现代化机械化的连杆作图，在几何世界里我们做了一次心旷神怡的旅游。原来小时候玩过的折纸剪纸，都能够登上数学的大雅之堂了！最近看到《数学文化》月刊上有篇文章，说折纸技术可以用来解决有关太阳能飞船、轮胎、血管支架等工业设计中的许多实际问题，真是不可思议。

学习数学的过程中，会体验到三种感觉。

一种是思想解放的感觉。从小学学习加减乘除开始，就不断地突破清规戒律。两个整数相除可能除不尽，引进分数就除尽了；两个数相减可能不够减，引进负数就能够相减了；负数不能开平方，引进虚数就开出来了。很多现象是不确定的，引进概率就有规律了。浏览本套书过程中，心底常常升起数学无禁区的感觉。说谎问题、定价问题、语文句子分析问题，都可以成为数学问题；摆火柴棒、折纸、剪拼，皆可成为严谨的学术。好像在数学里没有什么问题不能讨论，在世界上没有什么事情不能提炼出数学。

一种是智慧和力量增长的感觉。小学里使人焦头烂额的四则应用题，一旦学会方程，做起来轻松愉快，摧枯拉朽地就解决了。曾经使许多饱学之士百思不解的曲线切线或面积计算问题，一旦学了微积分，即使让普通人做起来也是小菜一碟。有时仅仅读一个小时甚至十几分钟，就能感受到自己智慧和力量的增长。十几分钟之前还是一头雾水，十几分钟之后便豁然开朗。读本套书的第四部分时，这种智慧和力量增长的感觉特别明显。作者把精心选择的巧妙的数学证明，一个接一个地抛出来，让读者反复体验智慧和力量增长的感觉。这里有小题目也有大题目，不管是大题还是小题，解法常能令人拍案叫绝。在解答一个小问题之前作者说："看了这个证明后，你一定会觉得自己笨死了。"能感到自己之前笨，当然是因为智慧增长了！

一种是心灵震撼的感觉。小时候读到棋盘格上放大米的数学故事，就感到震撼，原来 $2^{64}-1$ 是这样大的数！在细细阅读本套书第五部分时，读者可能一次一次地被数学思维的深远宏伟所震撼。一个看似简单的数字染色问题，推理中运用的数字远远超过佛经里的"恒河沙数"，以至于数字仅仅是数字而无实际意义！接下去，数学家考虑的"所有的命题"和"所有的算法"就不再是有穷个对象。而对于无穷多的对象，数学家依然从容地处理，该是什么就是什么。自然数已经是无穷多了，有没有更大的无穷？开始总会觉得有理数更多。但错了，数学的推理很快证明，密密麻麻的有理数不过和自然数一样多。有理数都是整系数一次方程的根，也许加上整系数二次方程的根，整系数三次方程的根等等，也就是所谓代数数就会比自然数多了吧？这里有大量的无理数呢！结果又错了。代数数看似声势浩大，仍不过和自然数一样多。这时会想所有的无穷都一样多吧，但又错了。简单而巧妙的数学推理得到很多人至今不肯接受的结论：实数比自然数多！这是伟大的德国数学家康托的代表性成果。

说这个结论很多人至今不肯接受是有事实根据的。科学出版社出了一本书，名为《统一无穷理论》，该书作者主张无穷只有一个，不赞成实数比自然数多，希望建立新的关于无穷的理论。他的努力受到一些研究数理哲学的学者的支持，可惜目前还不能自圆其说。我不知道有哪位数学家支持“统一无穷理论”，但反对“实数比自然数多”的数学家历史上是有过的。康托的老师克罗内克激烈地反对康托的理论，以致康托得了终身不愈的精神病。另一位大数学家布劳威尔发展了构造性数学，这种数学中不承认无穷集合，只承认可构造的数学对象。只承认构造性的证明而不承认排中律，也就不承认反证法。而康托证明“实数比自然数多”用的就是反证法。尽管绝大多数的数学家不肯放弃无穷集合概念，也不肯放弃排中律，但布劳威尔的构造性数学也被承认是一个数学分支，并在计算机科学中发挥重要作用。

平心而论，在现实世界确实没有无穷。既没有无穷大也没有无穷小。无穷大和无穷小都是人们智慧的创造物。有了无穷的概念，数学家能够更方便地解决或描述仅仅涉及有穷的问题。数学能够思考无穷，而且能够得出一系列令人信服的结论，这是人类精神的胜利。但是，对无穷的思考、描述和推理，归根结底只能通过语言和文字符号来进行。也就是说，我们关于无穷的思考，归根结底是有穷个符号排列组合所表达出来的规律。这样看，构造数学即使不承认无穷，也仍然能够研究有关无穷的文字符号，也就能够研究有关无穷的理论。因为有关无穷的理论表达为文字符号之后，也就成为有穷的可构造的对象了。

话说远了，回到本套书。本套书一大特色，是力图把道理说明白。作者总是用自己的语言来阐述数学结论产生的来龙去脉，在关键之处还不忘给出饱含激情的特别提醒。数学的美与数学的严谨是分不开的。数学的真趣在于思考。不少数学科普，甚至国外有些大家的作品，说到较为复杂深刻的数学成果时，常常不肯花力气讲清楚其中的道理，可能认为讲了读者也不会看，是费力不讨好。本套书讲了不少相当深刻的数学工作，其推理过程有时曲折迂回，作者总是不畏艰难，一板一眼地力图说清楚，认真实践古人“诲人不倦”的遗训。这个特点使本套书能够成为不少读者案头床边的常备读物，有空看看，常能有新的思考，有更深的理解和收获。

信笔写来，已经有好几页了。即使读者有兴趣看序言，也该去看书中更有趣的内容并开始思考了吧。就此打住。祝愿作者精益求精，根据读者反映和自己的思考发展不断丰富改进本套书；更希望早日有新作问世。

2012 年 4 月 29 日

序二

欣闻《思考的乐趣：Matrix67 数学笔记》即将出版，应作者北大中文系的数学侠客顾森的要求写个序。我非常荣幸也非常高兴做这个命题作业。记得几个月前，与顾森校友及图灵新知丛书的编辑朋友们相聚北大资源楼喝茶谈此书的出版，还谈到书名等细节。没想到图灵的朋友们出手如此之快，策划如此到位。在此也表示敬意。我本人也是图灵新知丛书的粉丝，看过他们好几本书，比如《数学万花筒》《数学那些事儿》《历史上最伟大的 10 个方程》等，都很不错。

我和顾森虽然只有一面之缘，但好几年前就知道并关注他的博客了。他的博客内容丰富、有趣，有很多独到之处。诚如一篇关于他的报道所说，在百度和谷歌的搜索框里输入 matrix，搜索提示栏里排在第一位的并不是那部英文名为 *Matrix*（《黑客帝国》）的著名电影，而是一个名为 matrix67 的个人博客。自 2005 年 6 月开博以来，这个博客始终保持更新，如今已有上千篇博文。在果壳科技的网站里（这也是一个我喜欢看的网站），他的自我介绍也很有意思："数学宅，能背到圆周率小数点后 50 位，会证明圆周率是无理数，理解欧拉公式的意义，知道四维立方体是由 8 个三维立方体组成的，能够把直线上的点和平面上的点一一对应起来。认为生活中的数学无处不在，无时不影响着我们的生活。"

据说，顾森进入北大中文系纯属误打误撞。2006 年，还在念高二的他代表重庆八中参加了第 23 届中国青少年信息学竞赛并拿到银牌，获得了保送北大的机会。选专业时，招生老师傻了眼：他竟然是个文科生。为了专业对口，顾森被送入了中文系，学习应用语言学。

虽然身在文科，他却始终迷恋数学。在他看来，数学似乎无所不能。对于用数学来解释生活，他持有一种近乎偏执的狂热——在他的博客上，油画、可乐罐、选举制度、打出租车，甚至和女朋友在公园约会，都能与数学建立起看似不可思议却又合情合理的联系。这些题目，在他这套新书里也有充分体现。

近代有很多数学普及家，他们不只对数学有着较深刻的理解，更重要的是对数学有着一种与生俱来的挚爱。他们的努力搭起了数学圈外人和数学圈内事的桥梁。

这里最值得称颂的是马丁·伽德纳，他是公认的趣味数学大师。他为《科学美国人》杂志写趣味数学专栏，一写就是二十多年，同时还写了几十本这方面的书。这些书和专栏影响了好几代人。在美国受过高等教育的人（尤其是搞自然科学的），绝大多数都知道他的大名。许多大数学家、科学家都说过他们是读着伽德纳的专栏走向自己现有专业的。他的许多书被译成各种文字，影响力遍及全世界。有人甚至说他是20世纪后半叶在全世界范围内数学界最有影响力的人。对我们这一代中国人来说，他那本被译成《啊哈，灵机一动》的书很有影响力，相信不少人都读过。让人吃惊的是，在数学界如此有影响力的伽德纳竟然不是数学家，他甚至没有修过任何一门大学数学课。他只有本科学历，而且是哲学专业。他从小喜欢趣味数学，喜欢魔术。读大学时本来是想到加州理工去学物理，但听说要先上两年预科，于是决定先到芝加哥大学读两年再说。没想到一去就迷上了哲学，一口气读了四年，拿了个哲学学士。这段读书经历似乎和顾森有些相似之处。

当然，也有很多职业数学家，他们在学术生涯里也不断为数学的传播做着巨大努力。比如英国华威大学的 Ian Stewart。Stewart 是著名数学教育家，一直致力于推动数学知识走通俗易懂的道路。他的书深受广大读者喜爱，包括《数学万花筒》《数学万花筒 2》《上帝掷骰子吗?》《更平坦之地》《给青年数学家的信》《如何切蛋糕》等。

回到顾森的书上。题目都很吸引人，比如“数学之美”“几何的大厦”“精妙的证明”。特点就是将抽象、枯燥的数学知识，通过创造情景深入浅出地展现出来，让读者在愉悦中学习数学。比如“概率论教你说谎”“找东西背后的概率问题”“统计数据的陷阱”等内容，就是利用一些趣味性的话题，一方面可以轻松地消除读者对数学的畏惧感，另一方面又可以把概率和统计的原始思想糅合在这些小段子里。

数学是美丽的。对此有切身体会的陈省身先生在南开的时候曾亲自设计了“数学之美”的挂历，其中12幅画页分别为复数、正多面体、刘徽与祖冲之、圆周率的计算、数学家高斯、圆锥曲线、双螺旋线、国际数学家大会、计算机的发展、分形、麦克斯韦方程和中国剩余定理。这是陈先生心目中的数学之美。我的好朋友刘建亚教授有句名言：“欣赏美女需要一定的视力基础，欣赏数学美需要一定的数学基础。”此套书的第二部分“数学之美”就是要通过游戏、图形、数列等浅显概念让有简单数学基础的读者朋友们也能领略到数学之美。

我发现顾森的博客里谈了很多作图问题，这和网上大部分数学博客不同。作图是数学里一个很有意思的部分，历史上有很多相关的难题和故事（最著名的可能是高斯 19 岁时仅用尺规就构造出了正 17 边形的故事）。本套书的第三部分专门讲了“尺规作图问题”“单规作图的力量”“火柴棒搭成的几何世界”“折纸的学问”“探索图形剪拼”等，愿意动动手的数学爱好者绝对会感到兴奋。对于作图的乐趣和意义，我想在此引用本人在新浪微博上的一个小段子加以阐述。

学生：“咱家有的是钱，画图仪都买得起，为啥作图只能用直尺和圆规，有时还只让用其中的一个？”

老师：“上世纪有个中国将军观看学生篮球赛。比赛很激烈，将军却慷慨地说，娃们这么多人抢一个球？发给他们每人一个球开心地玩。”

数学文化微博评论：生活中更有意思的是战胜困难和挑战所赢得的快乐和满足。

书的最后一部分命名为“思维的尺度”，“俄罗斯方块可以永无止境地玩下去吗?”“比无穷更大的无穷”“无以言表的大数”“不同维度的对话”等话题一看起来就很有意思，作者试图通过这些有趣的话题使读者享受数学概念间的联系、享受数学的思维方式。陈省身先生临终前不久曾为数学爱好者题词:“数学好玩。”事实上顾森的每篇文章都在向读者展示数学确实好玩。数学好玩这个命题不仅对懂得数学奥妙的数学大师成立，对于广大数学爱好者同样成立。

见过他本人或看过他的相片的人一定会同意顾森是个美男子，有阳刚之气。很高兴看到这个英俊才子对数学如此热爱。我期待顾森的书在不久的将来会成为畅销书，也期待他有一天会成为马丁·伽德纳这样的趣味数学大师。

汤涛
《数学文化》期刊联合主编
香港浸会大学数学讲座教授
2012.3.5

前言

依然记得在我很小的时候，母亲的一个同事考了我一道题：一个正方形，去掉一个角，还有多少个角？记得当时我想都没想就说："当然是三个角。"然后，我知道了答案其实应该是五个角，于是人生中第一次体会到顿悟的快感。后来我发现，其实在某些极端情况下，答案也有可能是四个角或者三个角。我由衷地体会到了思考的乐趣。

从那时起，我就疯狂地爱上了数学，为一个个漂亮的数学定理和巧妙的数学趣题而倾倒。我喜欢把我搜集到的东西和我的朋友们分享，将那些恍然大悟的瞬间继续传递下去。

2005 年，博客逐渐兴起，我终于找到了一个记录趣味数学点滴的完美工具。2005 年 7 月，我在 MSN 上开办了自己的博客，后来几经辗转，最终发展成了一个独立网站 http://www.matrix67.

com。几年下来，博客里已经累积了上千篇文章，订阅人数也增长到了五位数。

在博客写作的过程中，我认识了很多志同道合的朋友。2011 年初，我有幸认识了图灵公司的朋友。在众人的鼓励下，我决定把我这些年积累的数学话题整理成册，与更多的人一同分享。我从博客里精心挑选了一系列初等而有趣的文章，经过大量的添删和修改，有机地组织成了五个相对独立的部分。如果你是刚刚体会到数学之美的中学生，这书会带你进入一个课本之外的数学花园；如果你是奋战在技术行业前线的工程师，这书或许能不断给你带来新的灵感；如果你并不那么喜欢数学，这书或许会逐渐改变你的看法……不管怎样，这书都会陪你走过一段难忘的数学之旅。

在此，特别感谢张晓芳为本套书手绘了很多可爱的插画，这些插画让本套书更加生动、活泼。感谢明永玲编辑、杨海玲编辑、朱巍编辑以及图灵公司所有朋友的辛勤工作。同时，感谢张景中院士和汤涛教授给我的鼓励、支持和帮助，也感谢他们为本套书倾情作序。

在写作这书时，我在 Wikipedia（http://www.wikipedia.org）、MathWorld（http://mathworld.wolfram.com）和 CutTheKnot（http://www.cut-the-knot.org）上找到了很多有用的资料。文章中很多复杂的插图都是由 Mathematica 和 GeoGebra 生成的，其余图片则都是由 Paint.NET 进行编辑的。这些网站和软件也都非常棒，在这里也表示感谢。

目录

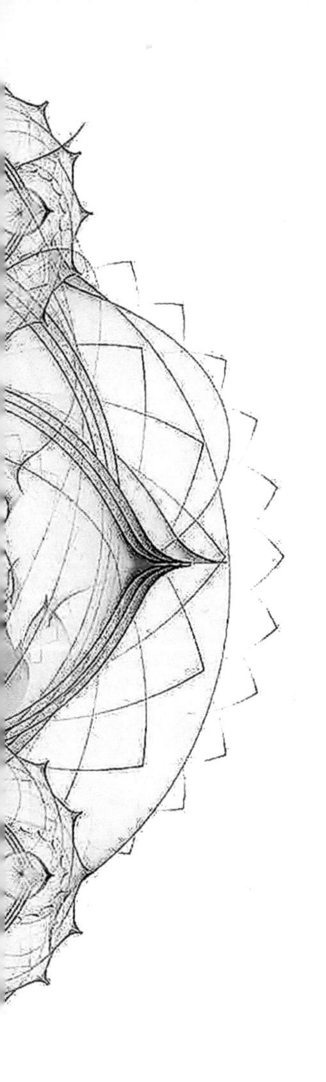

寻找数学之美的过程本身，其实也是一种数学之美。一个漂亮的数学结论，往往有一个漂亮的数学证明。我搜集过很多巧妙到近乎疯狂的证明，每一个证明都会让你拍案叫绝。

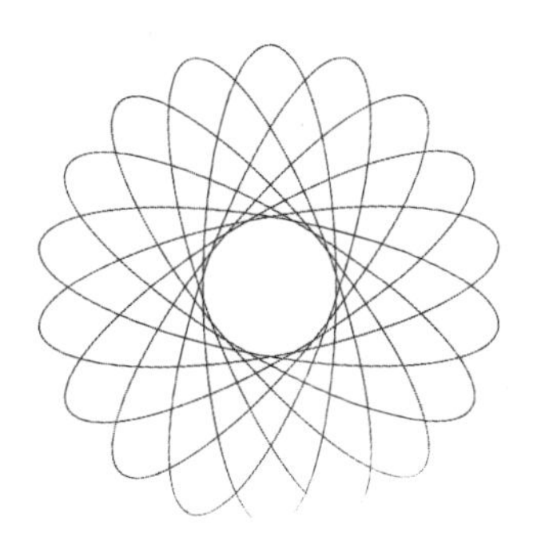

1. 我最爱的一个证明

大概是我读高一的时候吧，有一天，我在网上看到了下面这个问题。

设想一个平面上布满间距为 1 的水平直线和竖直直线，形成由一个个单位正方形组成的网格。任意给定一个面积小于 1 的图形，证明这个图形总能放在网格中而不包含任何一个格点。

乍看之下，这简直就是一个世界级的难题，我自然是毫无思路。我滚动鼠标滚轮，继续往下看。出人意料的是，整个证明过程只占据了不到半个屏幕。

我们可以换一个角度来考虑这个问题：把图形随意放在网格中，如何重新布置网格使每个格点都在图形外面?

如图1所示，把给定的图形随意放在网格中，然后沿着网格线，把包含有图形的网格切成一个个1×1的小格子，从网格中拿出来。把它们全部重叠起来（不要旋转），再想象这些格子是透明的，而格子上的图形则是不透明的。从上往下看这一叠格子，你看到的会是这个图形的各个部分重叠地放在一个格子中，仿佛一个沾有污渍的方块。由于整个图形的总面积小于1，因此这些“污渍”不会布满整个方块，方块上总有一块干净的地方。现在，用一根针从一个干净的地方刺下去，把这些重叠起来的方格刺穿。把这些格子放回原来的网格中，你将会看到每一个有图形的方格内都有一个针眼，这些针眼都不在图形内。把原来的网格擦掉，把这几个针眼看作新网格的格点。按针眼的位置重画网格，那么新网格的所有格点都在原图形之外。这样，结论也就证出了。

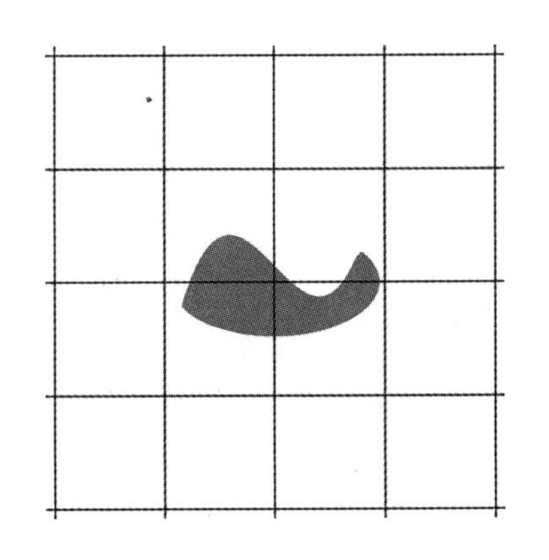

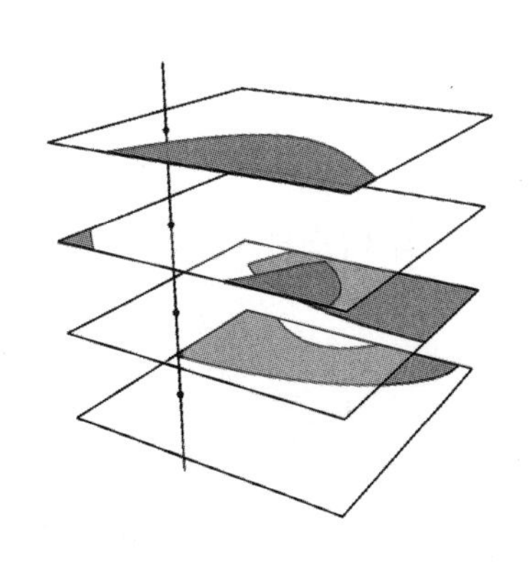

图 1

我还记得当时看完这个证明后，那种无法言表的震撼之感。这个证明太漂亮了！这可能是我第一次如此强烈地体会到数学证明的美妙。之后，我便有意识地去收集各种精彩的数学证明。这些数学证明的思路一个比一个巧妙，方法一个比一个诡异。

2. 把辅助线作到空间中去的平面几何问题

平面几何问题的证明手段无奇不有。有要作辅助线的，有要作辅助圆的，有需要旋转和翻折的……不过，你见过把辅助线作到三维空间中去的问题吗？有时候，一个平面几何问题放到三维空间中去思考反而会更容易一些。先讲一个我最喜欢的例子吧。

问题 平面上有4条直线，任意2条不平行，任意3条不共点。A、B、C、D这4个人分别在这4条直线上匀速行走（他们的速度可以不相同）。若A在行走过程中与B、C、D相遇，B在行走过程中与C、D相遇（当然也遇见了A），求证C、D在行走过程中相遇。

证明 作垂直于平面的直线作为时间轴，建立三维直角坐标系。由于4个人均匀速行走，因此他们的位置—时间图像是线形的。我们可以在空间中作出 A、B、C、D 这4个人的位置与时间关系的图像，并分别命名为 l_a、l_b、l_c、l_d。这样，我们就能从这4条空间直线中轻易判断某一时刻4个人的位置。例如，空间中 P 点（x，y，t）在直线 l_c 上，则表明在 t 时刻 C 走到了（x，y）的位置。接下来就精彩了。A、B 不是曾经相遇过吗？这就是说，l_a 和 l_b 将会相交。这两条相交直线可以确定一个平面。C 不是与 A、B 都相遇过吗？那就是说，l_c 与 l_a、l_b 都相交。于是，l_c 也在这个平面上。同样地，l_d 也在这个平面上。既然它们全部都共面，l_c、l_d 必然会相交，即 C、D 将会相遇，结论得证。

如果你说这个问题不算纯粹的平面几何问题的话，那就来看看下面这个问题吧。

问题 如图1所示，三角形 ABC 是等边的，P 为三角形内接圆上一点。求证，AP^2+BP^2+

CP^2 为常数。

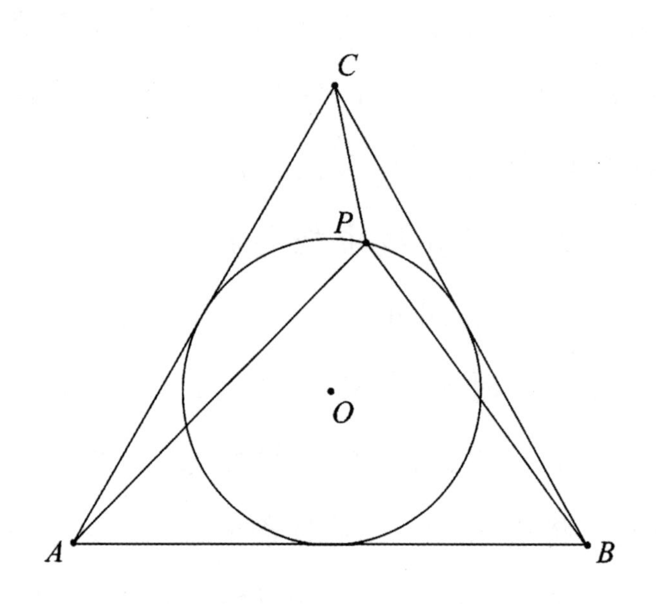

图 1

证明 如图 2 所示，把整个图形放在三维空间里，其中 $A=(1, 0, 0)$，$B=(0, 1, 0)$，$C=(0, 0, 1)$。因此，三角形 ABC 位于平面 $x+y+z=1$ 上。图中的内接圆即为某个以原点为球心的球面 $x^2+y^2+z^2=r$ 与该平面相交所得（其中 r 是某个常数）。

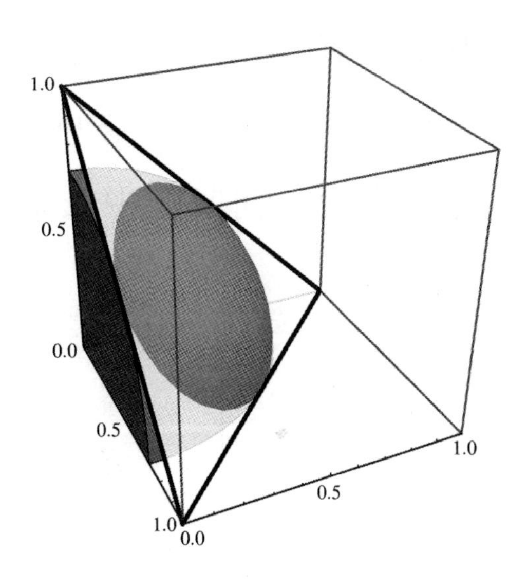

图 2

如果把 P 点的坐标记作 (x_0, y_0, z_0)，由于它既在三角形上又在球面上，因而它将同时满足 $x_0+y_0+z_0=1$ 和 $x_0{}^2+y_0{}^2+z_0{}^2=r$。于是，我们有：

$AP^2+BP^2+CP^2$

$=(1-x_0)^2+y_0{}^2+z_0{}^2+x_0{}^2+(1-y_0{}^2)+z_0{}^2+x_0{}^2+y_0{}^2+(1-z_0)^2$

$=3\cdot(x_0{}^2+y_0{}^2+z_0{}^2)-2\cdot(x_0+y_0+z_0)+3$

$=3\cdot r-2+3$

结果是一个常数。

把平面问题扩展到三维空间，也不都只是为了借用空间直角坐标系这一工具。空间几何中的一些已知结论，也能在平面几何问题中派上用场。

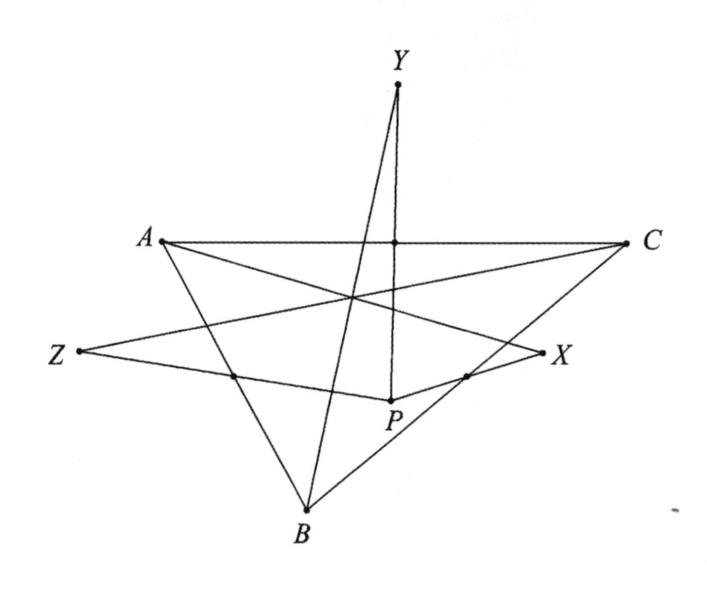

图 3

问题　如图 3 所示，考虑平面上的一个任意三角形 ABC，以及异于 A、B、C 三点的一个点 P。X、Y、Z 分别是 P 点关于 BC、AC、AB 三边的中点的对称点。求证：AX、BY、CZ 共点。

证明　如图 4 所示，考虑空间中的一点 P' 使

得 PP' 垂直于平面 ABC。作出 P' 关于 BC、AC、AB 三边中点的对称点 X'、Y'、Z'。容易看出，四边形 $P'AY'C$、$P'BZ'A$ 和 $P'CX'B$ 都是平行四边形。那么，A、B、C、P'、X'、Y'、Z' 就成了一个平行六面体的其中七个顶点。AX'、BY'、CZ' 是平行六面体的三条体对角线，它们是共点的。现在，把 P'、X'、Y'、Z' 全部投影到平面 ABC 上，就是我们想要的结论了。

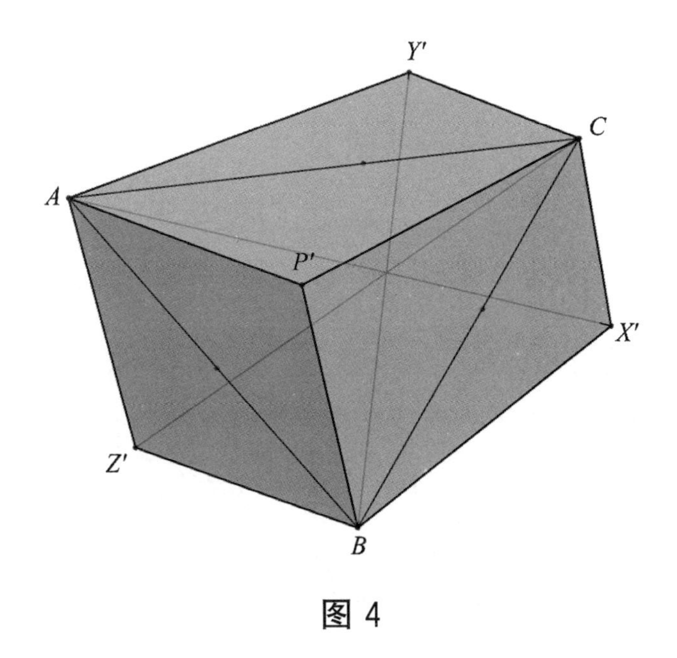

图 4

一些非常经典的初等几何定理也有让人意想不到的“空间解法”。

问题 如图 5 所示，在$\triangle ABC$中，点 D、E、F 分别在 BC、AC、AB 所在直线上，若 D、E、F 三点共线，则有 $\frac{AF}{BF}\cdot\frac{BD}{CD}\cdot\frac{CE}{AE}=1$。

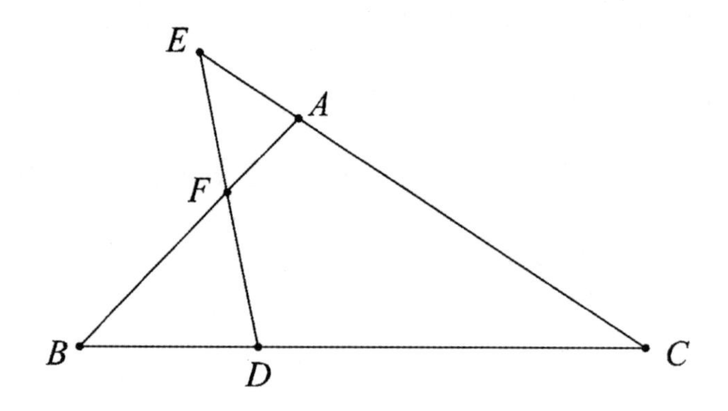

图 5

证明 如图 6 所示，过 DEF 所在直线作一个新的平面。分别过 A、B、C 作原平面的垂线，与新的平面交于点 A'、B'、C'。由相似三角形的关系不难看出，$\frac{AA'}{BB'}=\frac{AF}{BF}$，并且 $\frac{BB'}{CC'}=\frac{BD}{CD}$，另外还有 $\frac{CC'}{AA'}=\frac{CE}{AE}$。三个等式乘在一块儿，结论得证。

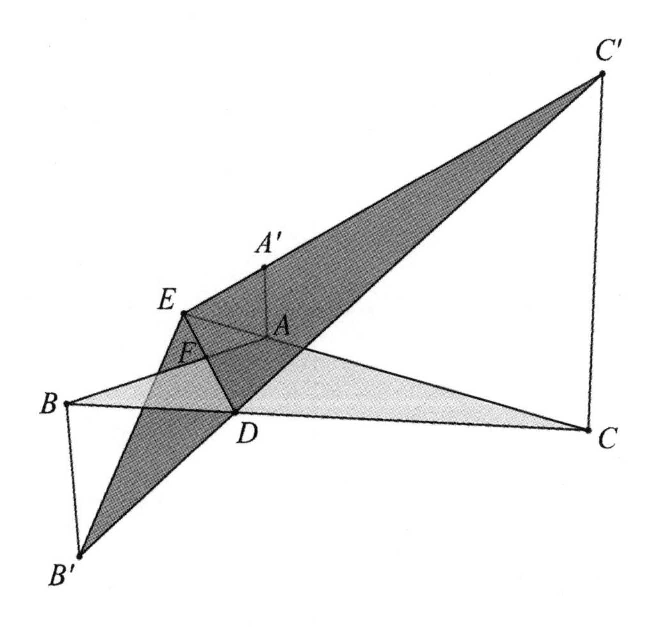

图 6

上面这个定理叫做梅涅劳斯（Menelaus）定理，是平面几何中一个非常重要的定理，我们常常用它来判断三点共线。梅涅劳斯定理的证明方法有很多，上面这种方法恐怕是最帅的一种了。它解决了其他证明方法缺乏对称性的问题，完美展示了几何命题中的对称之美。

下面则是另一个经典的几何定理，它叫做蒙日定理，是由法国数学家加斯帕德·蒙日（Gaspard Monge）首次发现的。如果是第一次看到这个定理，你一定会被它深深地迷住；而它的空间证明方法，则更是叫人为之倾倒。

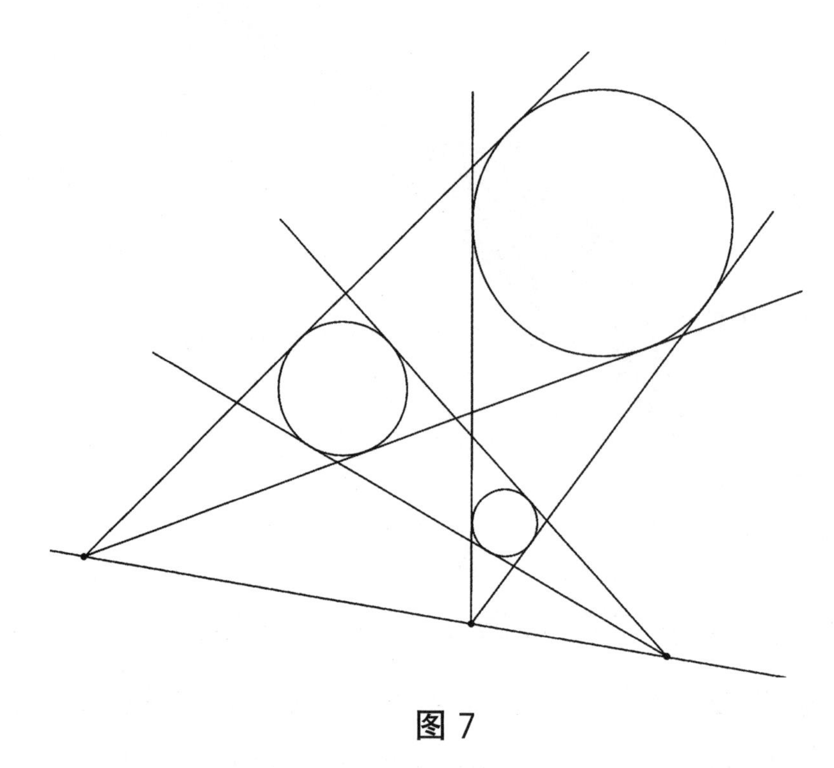

图 7

问题 如图 7 所示，平面上有三个互相分离的圆，其中任意两个圆都有两条外公切线，这两条外公切线交于一点。显然，这样的交点共有三个。求证，这三点共线。

证明 如图 8 所示，在这个平面的三个圆上放置三个球，每个球的半径都等于它底下的那个圆的半径。显然，这个平面是这三个球的一个公切面。

再把三组公切线想象成这三个球两两确定的三个圆锥在平面上的投影。显然，三个圆锥的顶点都在这个平面上，我们要证明的就是，这三个顶点是共线的。注意到这三个球还有另一个公切面（想象一块薄玻璃板从上面盖下去），三个圆锥的顶点也都在这个公切面上。而这两个公切面的公共部分就是它们的交线，因此三个顶点必然都在这条交线上。

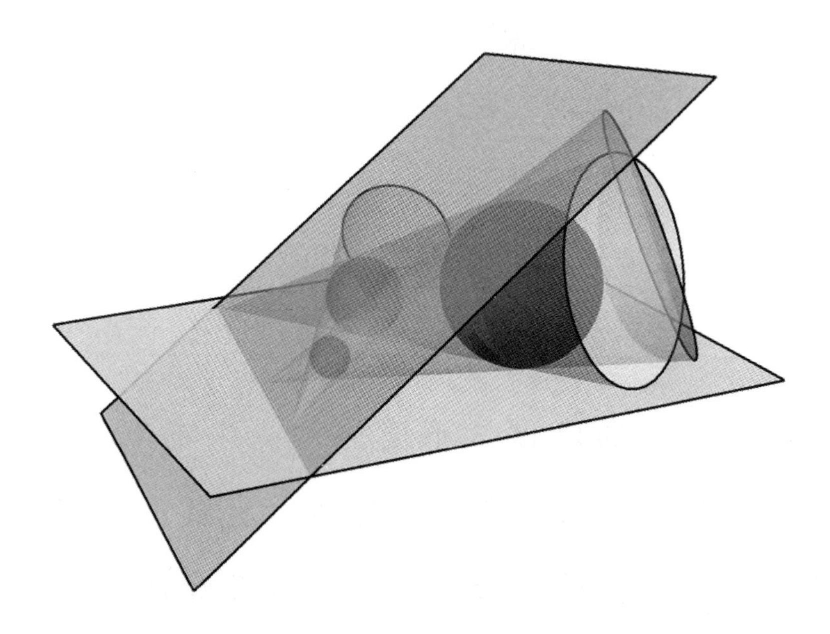

图 8

最后让我们来看一个例子。下面这个平面几何问题乍看之下也很难解决，但借助“辅助球”的思想，结论变得几乎是平凡的了。

问题 平面上三个圆两两相交。试证明三条公共弦共点（见图 9）。

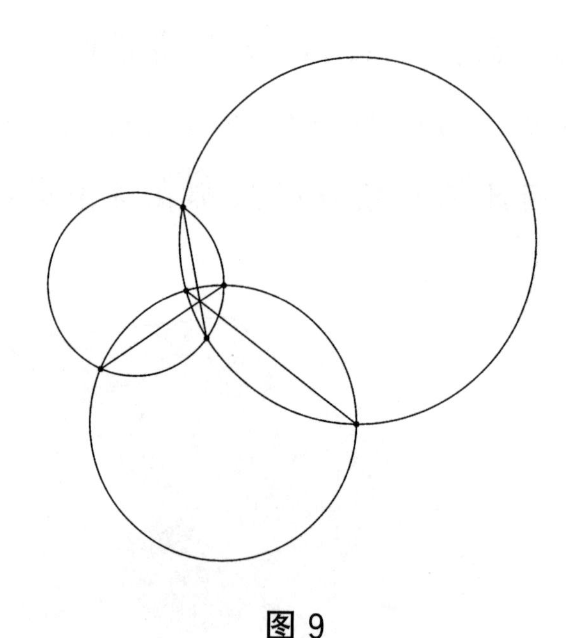

图 9

证明 分别以这三个圆为“赤道面”，作出三个球体。我们把这三个球的球心（也就是原问题中的三个圆心）所确定的平面（也就是原问题的图形所在的平面）记作 α。注意到，每两个球面将会相交于一个圆圈，它们在 α 上的投影就是那三条公共弦。而三个球面将会交于两个点（这两个点一上一下，关于 α 对称)，并且这两个点都同时属于空间中的三个圆圈。从投影的角度来看，这就是说，在平面 α 上存在一个点，它同时属于那三条公共弦。这就说明了三条公共弦交于一点。

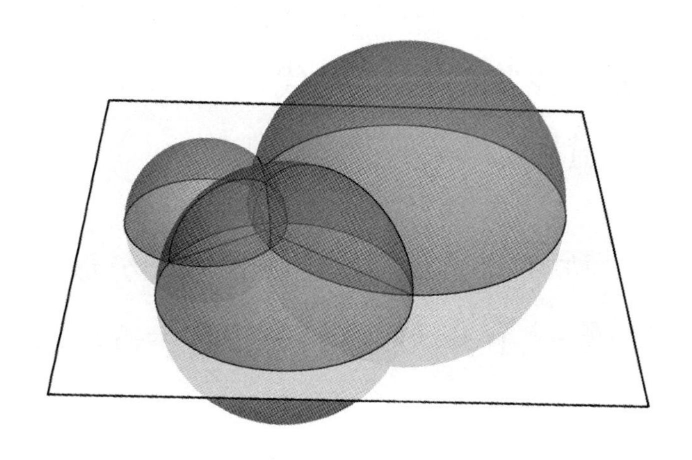

图 10

3. 小合集（一）：几何问题

有一次，我临时帮忙去代一节小学奥数课，见到了下面这道题。

如图 1 所示，$ABCD$ 是一个正方形，边长为 4，$DEFG$ 是一个矩形，其中 $DG=5$，求 DE 的长度。

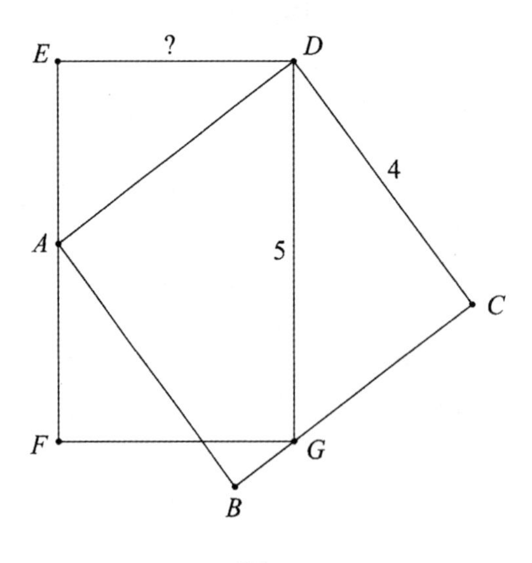

图 1

当然题目本身并不难，或许有的人一眼就能看出答案。问题的关键在于，这个问题是一道小学奥数题，这意味着这个题目一定有一个异常巧妙的傻瓜解——不能列方程，不能用相似形，事实上几乎什么都能不用，只需要用到最基本最显然的正方形长方形的性质。

我叫了几个初中数学老师来，一起围着它研究了半天，结果想破脑袋也还是满脑子的相似三角形，于是只好求助小学组的老师，果然取得真经，赞不绝口，大呼妙哉。

如图 2 所示，连接 AG。注意到三角形 ADG 的面积既是正方形 $ABCD$ 面积的一半，又是矩形 $DEFG$ 面积的一半，可见正方形和矩形的面积是相等的。既然正方形的面积是 16，矩形的一边长是 5，另一边就是 3.2 了。

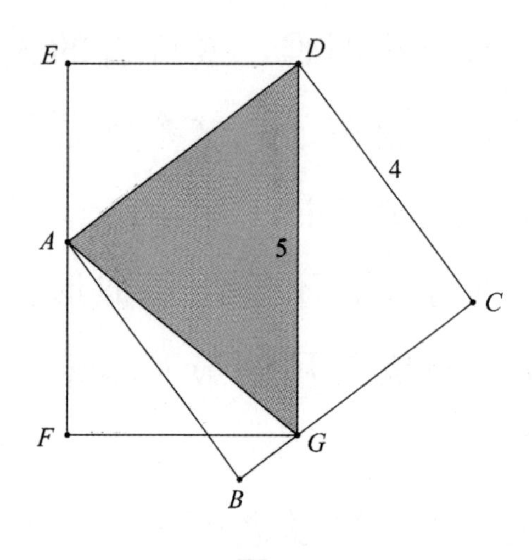

图 2

这让我立即想到了下面这个题目：

如图 3 所示，其中阴影部分是一个正方形，求该正方形的边长。

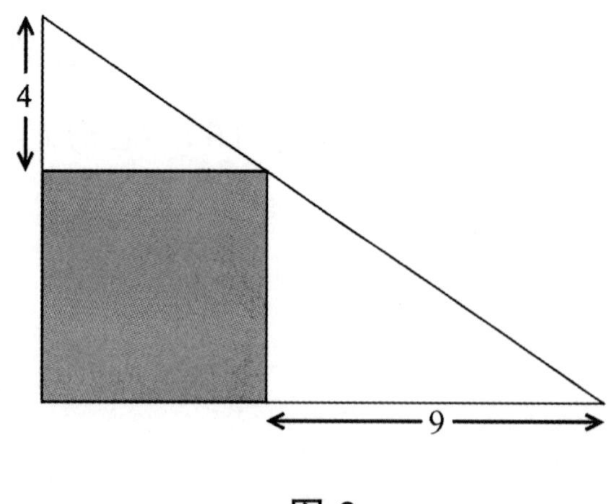

图 3

这也是一道小学奥数题。一个小学奥数老师曾经告诉我，当年带领学生参加这次竞赛时，领队老师们都没有想到“小学生解法”，以至于开始质疑这道题是否超纲了。看到答案后，老师们大为折服——这个问题确实有一个无需任何几何知识的妙解。

把图形补充为一个长方形（见图 4），则两个大的直角三角形面积相等，另外还有 A 的面积与 B 的面积相等，C 的面积与 D 的面积相等。于是我们得到，阴影部分与右上角的那个小长方形面积相等，而后者的面积应该是 36。这就是说，正方形的边长应该等于 6。

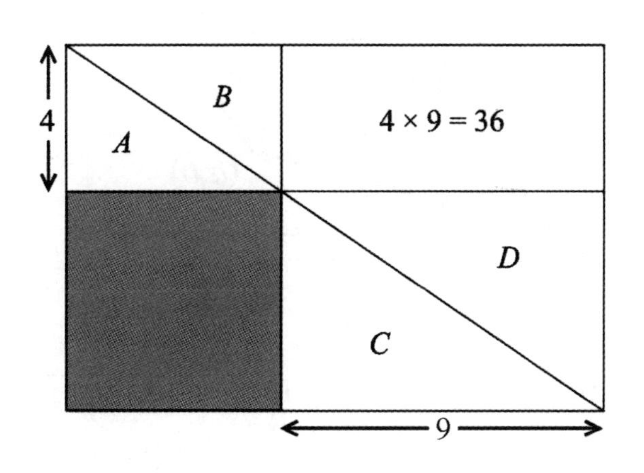

图 4

千万别小看这种雕虫小技。利用这种面积相等的关系，我们能证明不少经典的定理，下面就是其中一个定理。

在平面直角坐标系中有（a，b）、（c，d）两点（见图 5）。为了简便起见，不妨假设它们都在第一象限。将这两个点分别与原点相连，然后以这两条连线为边，作一个平行四边形。求证：这个平行四边形的面积为 $|ad-bc|$。

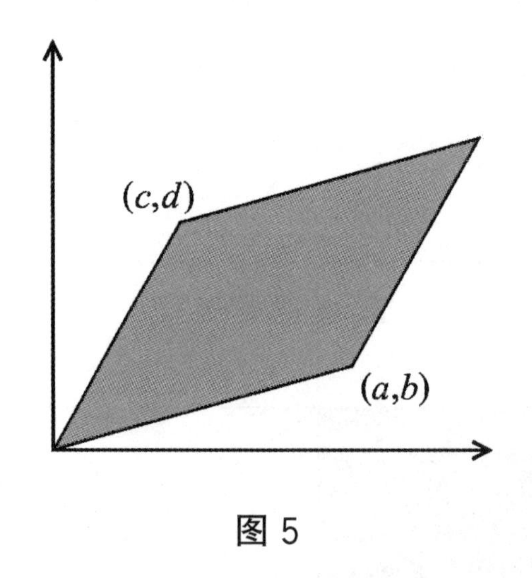

图 5

只需简单的三步，结论就显而易见了。

第一步，把平行四边形上面突出的部分平移下来（见图 6）。第二步，把左右突出的部分也都平移到对面去。这样一来，整个图形就变成了一个工工整整的矩形。第三步，也是最关键的一步，把图中那块阴影矩形移到左上方一块与其面积相等的空白处（这里用到了上一个题目里的等积关系）。这下就再清楚不过了，整个图形的面积就是 $ad-bc$ 。

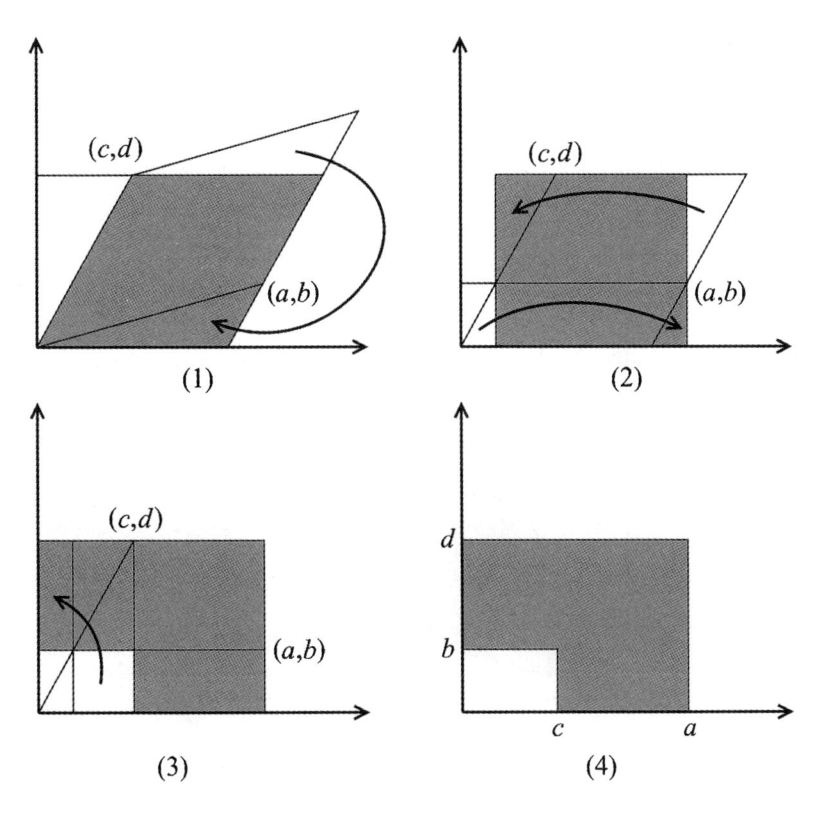

图 6

注意，如果（a，b）和（c，d）的位置互换一下，得到的面积值将会是 $bc-ad$，和前面的计算结果互为相反数。因此，把平行四边形的面积记作 $|ad-bc|$ 要更好一些。

另外，注意看由原点、（a，b）和（c，d）所组成的三角形的面积，它应该是平行四边形面积的一半，也就是 $\frac{|ad-bc|}{2}$。在下一节中，我们将会用到这种三角形面积计算法。其实，这就是向量叉积的性质，而我们仅仅用小学知识就证明了它！

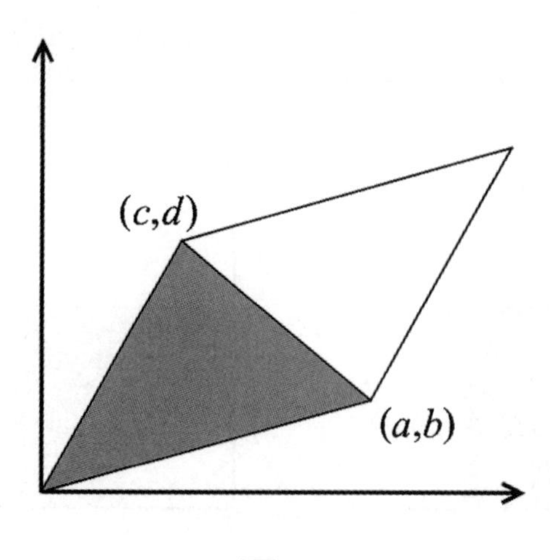

图 7

在教初中数学竞赛时，我也遇到过一些类似的趣题妙解。其中一个题目如下：

五个圆依次相切，它们又都相切于两条不平行的直线（见图 8）。如果最左边那个圆的半径为 4，最右边那个圆的半径为 9，求中间那个圆的半径。

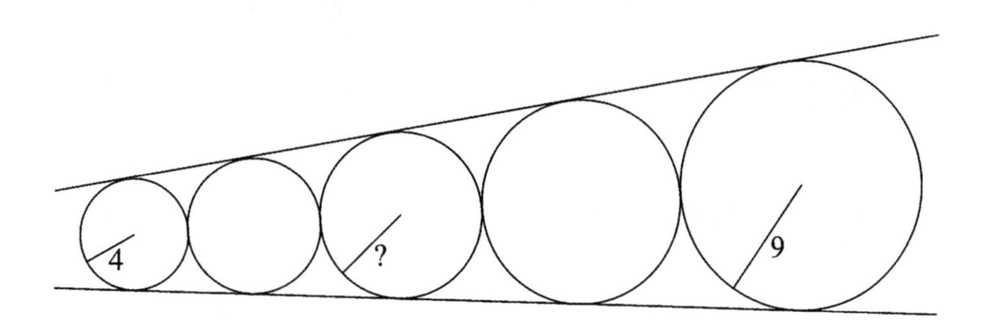

图 8

有趣的是，这也有一个非常直观的解答方法：

中间那个圆的半径为 6。下面我们说明，事实上五个圆的半径是成等比数列的。把五个圆从小到大依次记作 C_1、C_2、C_3、C_4、C_5，把两条直线的交点记为 P。把 C_1、C_2 的圆心到 P 的距离分别记作 P_1、P_2。现在，把整个图以 P 为中心缩小到原来

的 $\frac{P_1}{P_2}$，则两条直线还在原来的位置，但是现在 C_2 的圆心恰好和原来 C_1 的圆心重合。另外，由于缩放不会影响相切关系，因此现在的 C_2 就和原来 C_1 完全重合，同理现在的 C_3 就是原来的 C_2，现在的 C_4 就是原来的 C_3，现在的 C_5 就是原来的 C_4。另外，由于整个图形都缩小到了原来的 $\frac{P_1}{P_2}$，因此每个圆也都缩小到了原来的 $\frac{P_1}{P_2}$，而此时每个 C_i 正好和原来的 C_{i-1} 一样大了。这就说明，每两个相邻圆的半径之比为 $\frac{P_1}{P_2}$。

下面则是一道非常帅气的高中数学竞赛题，它是我从好友范翔[①]那儿听来的。

求证：当 n 为奇数时，用 $n-3$ 条对角线将正 n 边形分为 $n-2$ 个三角形，则有且仅有一个三角形

---

① 范翔的博客地址为 http://www.eaglefantasy.com。

是锐角三角形（图 9 仅仅画了 $n=9$ 时的其中一种分割方案）。

据说，在一堂高中奥数课上，老师出了这道题后等了半个小时，大家被搞得焦头烂额，也没有想出半点思路。这时，老师开始讲题了。只一句话，所有人都恍然大悟了，然后集体开始鼓掌——这个证明实在是太巧妙了！证明会用到这么一个定理：一个三角形是锐角三角形，当且仅当它的外心在这个三角形的内部。

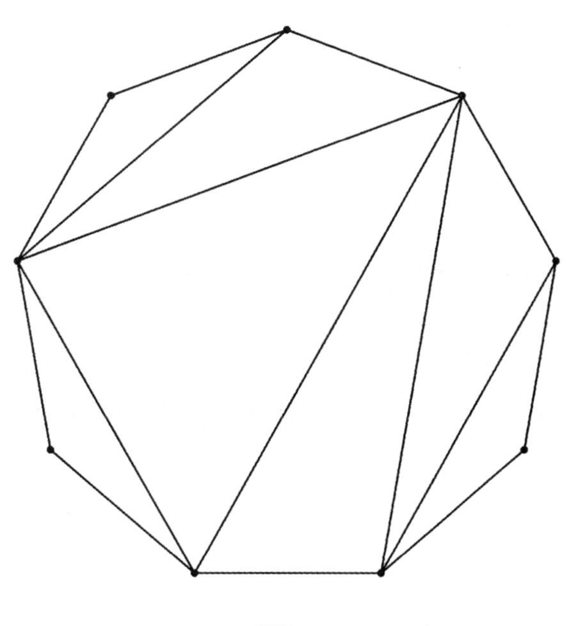

图 9

作出正 n 边形的外接圆，这个外接圆的圆心也就成了所有三角形公共的外心。这个外心一定位于某个三角形的内部，它就是唯一的那个锐角三角形。

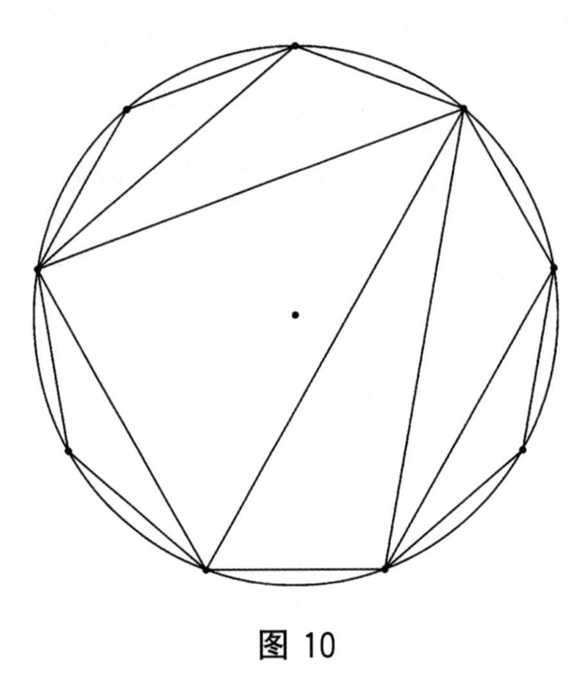

图 10

这让我联想到另一个有异曲同工之妙的问题：椭圆内能否内接一个正五边形（假如圆不算椭圆）？答案是否定的。否则，作出这个正五边形的外接圆，那么它将会和椭圆有五个交点，而这显然是不可能的。

1979 年北美普特南（Putnam）数学竞赛中的

A4 小题则是又一道让人拍案叫绝的精彩好题。

平面上有 n 个红点和 n 个蓝点，其中任意三点不共线。你需要把它们一红一蓝地配成 n 对，并用线段把每一对点连接起来。证明，总存在一种配对方案，使得所有连线都不交叉。

这个问题看起来似乎相当困难，其实整个证明就只有几句话。

考虑所有可能的配对方案，选择所有连线的长度总和最小的那一种方案。下面我们证明，这种方案是满足要求的。如图 11，假如在这种方案中有某四个点 A、B、C、D，其中红点 A 和蓝点 B 相连，红点 C 和蓝点 D 相连，两条连线交于点 O。那么，把它们改成 A 与 D 相连，B 与 C 相连，则由三角形两边之和大于第三边知，$AB + CD = (AO + DO) + (BO + CO) > AD + BC$，这说明连线的总长度变得更短了，由此产生矛盾。

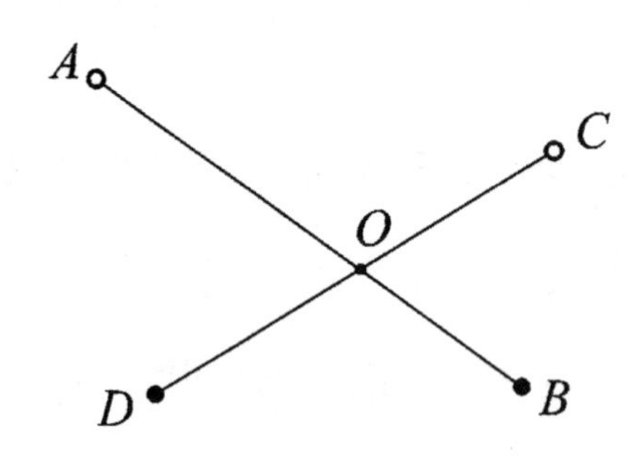

图 11

下面这个题目则来自 2011 年 IMO 国际奥林匹克数学竞赛中的第二题。

假设平面上有若干个点（至少两个），其中任意三点都不在同一条直线上。所谓一个“风车”是指这样一个过程：从经过某一点 P 的一条直线 l 开始，以 P 为中心顺时针旋转，直到这条直线碰到另一个点，比如说点 Q。接着将这条直线以 Q 为新的旋转中心进行顺时针旋转，直到再次碰到其他的点，并像这样一直持续下去。证明，我们总可以适当选取某一点 P，以及过 P 的一条直线 l，使得由此产生的“风车”最终将会碰到所有的点。

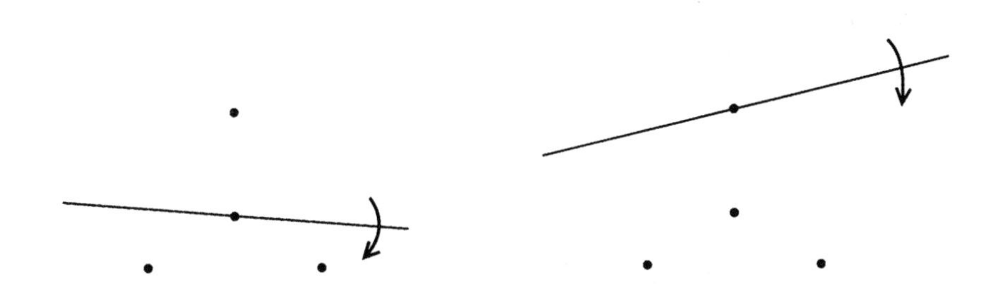

图 12

比方说，考虑一个等边三角形的三个顶点和这个三角形的中心所组成的四个点。从图 12 左边所示的直线出发，就能碰到所有的点；但从图 12 右边所示的直线出发，只能围绕三角形的三个顶点转下去。

赛后统计资料显示，这道漂亮的问题竟然是六道题中第二难的题。著名的数学博客 polymath blog 在网上组织了 mini-polymath3 活动，邀请众人一同讨论这道题的解法。活动一开始，便引来各路数学高人献计献策，提出了很多有趣的思路和猜想。第 74 分钟，终于有人给出了正确的解法。果然不出所料，神题就该有神解，这道题有一个异常简单巧妙的证明方法。

如图 13 所示，找一条直线，这条直线两侧的点数一样多（最多相差一个）。下面我们证明，这条直线就满足要求。容易看出，在直线的旋转过程中，直线两侧的点数之差始终不变。因此，这条直线转了 180 度后，一定回到了初始的位置（或者它旁边一个点的位置）。但此时，原来在直线左侧的点现在全部跑到了直线右侧，原来在直线右侧的点现在全部跑到了直线左侧。这些点当然是不能“瞬移”到直线另一侧的，要想跑到直线的另一侧，必须要先穿过直线才行。由此可见，所有点都被直线碰到过了。

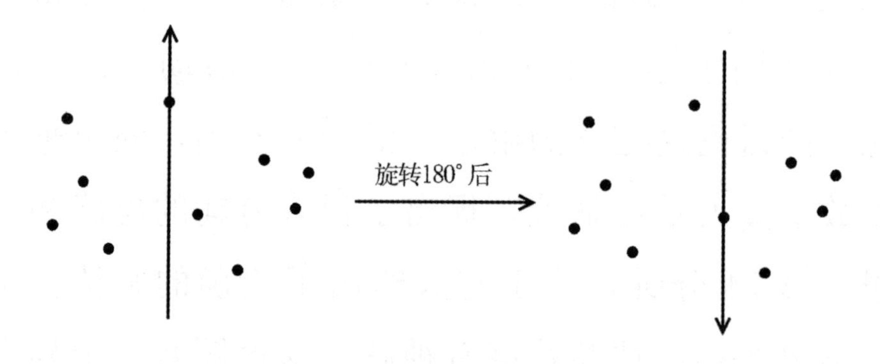

图 13

别以为这种趣题妙解只会出现在竞赛题目中。在真正的数学研究过程中，也常常出现让人叹为观止的简短证明。1941 年，数学家保罗·埃尔德什在《美国数学月刊》上提出了下面这个问题。

如图 14 所示，在一个单位正方形内，有两个互不重合的小正方形。求证，这两个小正方形的边长之和不可能大于 1。

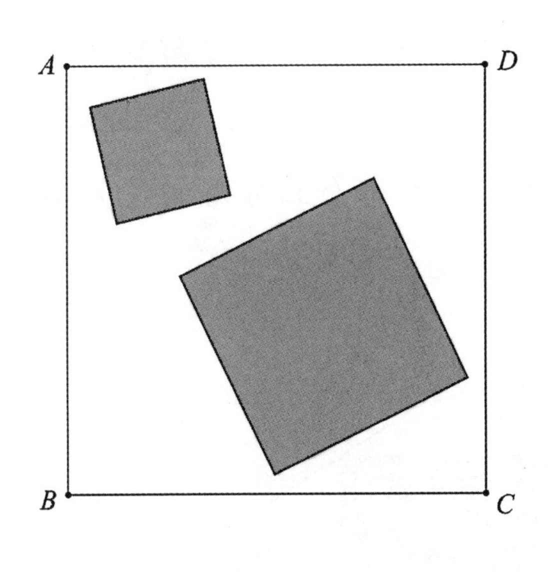

图 14

下面则是一个极其巧妙的证明。

在证明过程中，我们会用到这么一个定理：在一个直角三角形内画一个正方形，则图 15 所示的正方形具有最大的面积。这可以用分情况讨论的办法进行证明，只是计算过程有些复杂，这里就不再详述了。

如图 16，如果两个正方形是完全分离的，那么一定能找出一条从它们中间穿过去的直线 XY。假设它和另一个方向上的对角线相交于 P。从 P 点出发，向大正方形的四条边分别作垂线。于是，直线 XY 上方那个小正方形的面积不会超过正方形 $AMPN$ 的面积，直线 XY 下方那个小正方形的面积不会超过正方形 $PSCT$ 的面积。这就告诉我们，上面那个正方形的边长不超过 AN，下面那个正方形的边长不超过 SC，也即两个正方形的边长和不超过 1。

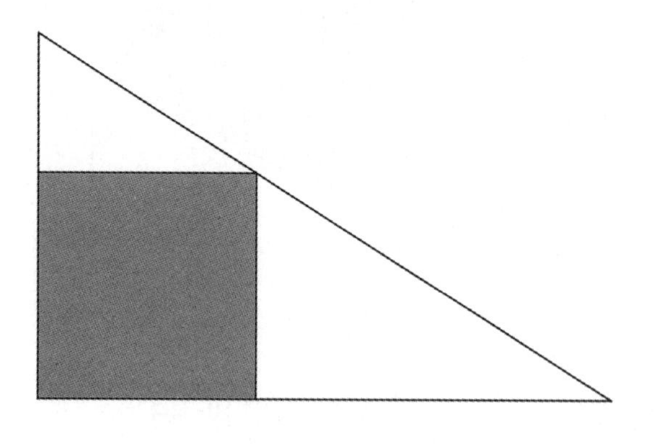

图 15

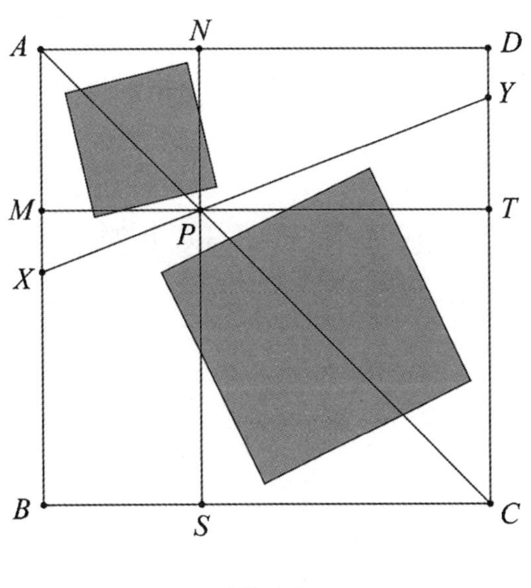

图 16

最后，让我们来看一个更富戏剧性的例子。你能不能在纸上画一些点，使得任意两点所确定的直线都会经过第三个点？当然，所有点都在一条直线上的情况除外。英国数学家詹姆斯·约瑟夫·西尔维斯特（James Joseph Sylvester）认为不可能。1893 年，他提出了下面这个猜想。

若 n 个点不全共线，则必存在一条直线恰好穿过两个点。

不过，西尔维斯特却不能证明这一点。直到

1933年，数学家蒂伯·加莱（Tibor Gallai）才给出了一个证明，不过证明过程相当复杂。1948年，戏剧性的一幕终于发生了：保罗·约瑟夫·凯利（Paul Joseph Kelly）发现，这个结论竟然有一个简单得令人瞠目结舌的证明。

假设存在某个点集，任意两点确定的直线上都存在其他的点。画出所有可能的直线，作出每一个点到每一条直线的垂线段，然后找出这些垂线段中最短的一条。不妨假设这条最短的垂线段是点 P 到某条直线 l 的垂线段，垂足点记作 H。由假设，l 上至少有三个点，因此至少有两个点分布在垂足 H 的同一侧（允许和垂足重合）。不妨把这两个点记作 R、Q，如图17所示。由于我们画出了所有可能的直线，因此 P、R 两点之间也有一条直线；此时，Q 到 PR 的垂线段就是更短的垂线段，于是产生矛盾。要想避免这样的矛盾，唯一的方法就是，所有的垂线段长度都为0，换句话说根本作不出所谓的垂线段。这也就是 n 个点全都共线的情况。

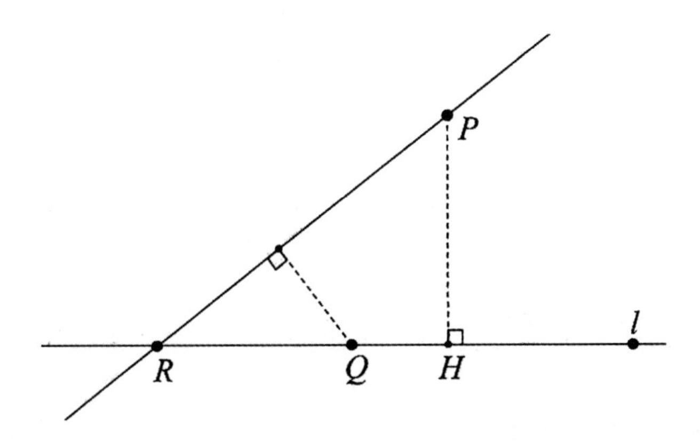

图 17

这个证明思路妙到了极点，几十年来愣是没有一个人发现！

4. 皮克定理的另类证法和出人意料的应用

图 1 中的每个小正方形面积都是 1，那么图中的三角形面积是多少？

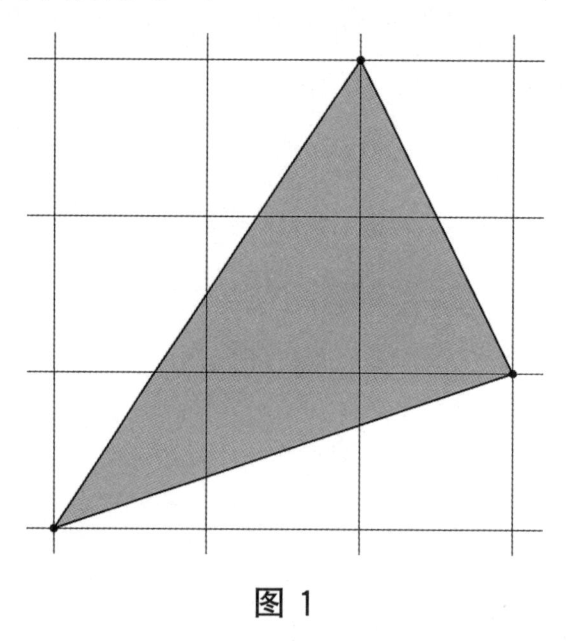

图 1

你会发现，传统的三角形面积计算公式（底乘以高除以 2）在这里已经不管用了。三角形的三边长度都带有根号，高的长度更难求出。计算三角形面积还有一个常用的公式，叫做海伦（Heron）公式：如果三角形的三边长分别为 a、b、c，周长的一半为 s，则其面积等于 $\sqrt{s(s-a)(s-b)(s-c)}$。用这种方法倒是能算出三角形的面积，不过运算过程过于复杂，并不可取。能否把三角形剪剪拼拼，割补成一个更规则的图形呢？多试几下，好像也是办不到的。种种失败似乎暗示着，这个三角形的面积并不那么好求，它恐怕是一个非常复杂的代数式吧。

其实，这个三角形的面积值是一个非常简单的数——3.5。还记得上一节讲到的三角形面积叉积计算法吗？把三角形中左下角的那个顶点当作原点，套用公式我们可以立即算出，三角形的面积就是 $\frac{3\times3-1\times2}{2}=\frac{7}{2}$，也就是 3.5。其实，我觉得，连这种方法都复杂了。稍稍换一个角度，我们还有一个简单得你都不敢相信的算法。

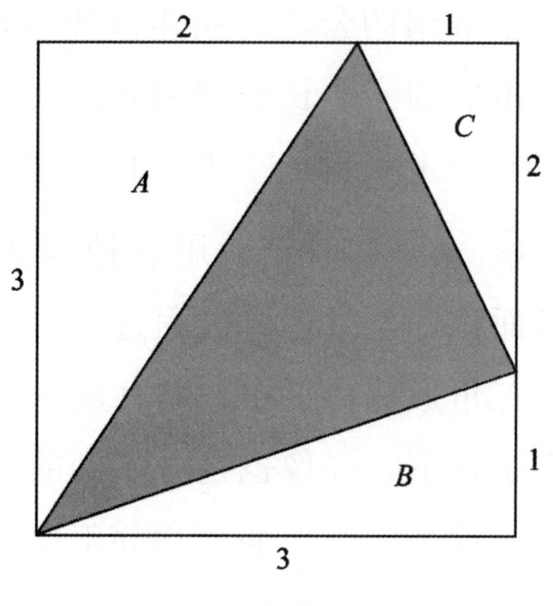

图 2

如图 2，整个三角形完全包含于一个面积为 9 的大正方形内。减去直角三角形 A 的面积 3，减去直角三角形 B 的面积 1.5，再减去直角三角形 C 的面积 1，就得到了我们要求的三角形面积，它等于 3.5。

1899 年，奥地利数学家乔治·亚历山大·皮克（Georg Alexander Pick）发现，不止是三角形，对于平面上的任意一个多边形，只要它的每个顶点都在单位正方形网格的“格点”上，它的面积都有类似的巧算方法。皮克沿着这个思路进一步推导，得出一个超级简单的面积计算公式：令 I 等于多边形内部所含的格点数，令 B 等于多边形边界上的格点数，则多边形的面积就是 $I+\frac{B}{2}-1$。这就叫做皮克定理。

在这里，我们舍弃复杂的分类讨论和数学归纳法，用一种全新的方法来证明这个结论。假设整个平面是一个无穷大的铁板，每个格点上都有一个单位的热量。经过无穷长时间的传导后，最终这些热量将以单位密度均匀地分布在整个铁板上。平面上某个多边形内所含的热量，也就代表它的面积了。下面我们试着求出多边形内的热量。考虑多边形的任意一条线段，如图 3 所示（有觉得图 3 中的这条线段不直吗？那是你的错觉）。由于它的两个端点均在格点上，因此整个平面网格一定关于这条线段的中点对称，因而流经该线段的热量也就是对称的，这半边流出去多少，那半边就流进来多少，出入该线段的热量总和实际为 0。我们立即看到，多边形的热量其实完全来自它内部的 I 个格点（的全部热量），以及边界上的 B 个格点（各自在某一角度范围内传来的热量)。边界上的 B 个点形成了一个内角和为 $(B-2)\times180^{\circ}$ 的 B 边形。这 B 个点本来蕴含了 B 个单位的热量,但只有其中的 $\frac{(B-2)\times180^{\circ}}{B\times360^{\circ}}$ 这一比例的热量流入了多边形。因此,从这 B 个点流入多边形的热量就等于 $B\cdot\frac{(B-2)\times180^{\circ}}{B\times360^{\circ}}=\frac{B-2}{2}=\frac{B}{2}-1$。再加上 I 个内部格点的全部热量,于是得到多边形内的总热量(也就是它的面积)就是 $I+\frac{B}{2}-1$。

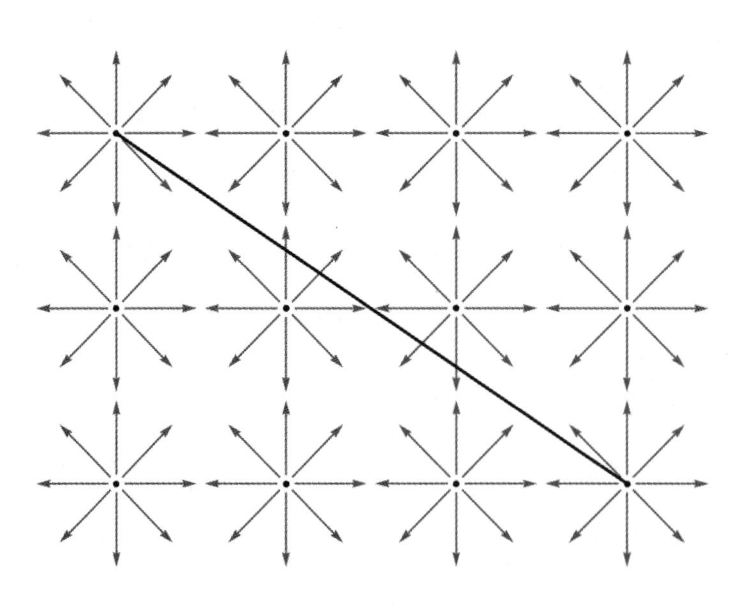

图 3

计算“格点多边形”的面积就是这么简单，不信的话，让我们来试试。例如，图 4 中的第一个多边形，它的内部没有点，边界上有 4 个点，因此面积就是 $0+\frac{4}{2}-1=1$。第二个多边形的形状虽然不一样，但内部也没有点，边界也经过了 4 个点，因此面积也是 $0+\frac{4}{2}-1=1$。第三个图形的边界上也有 4 个点，但内部包含了一个点，因此其面积就是 $1+\frac{4}{2}-1=2$。回头看看本节最早画出的那个三角形，面积就是 $3+\frac{3}{2}-1$，也就是 3.5 了。需要注意的是，皮克定理只适用于所有顶点都在格点上的多边形，其他情况是不能套用皮克定理的。

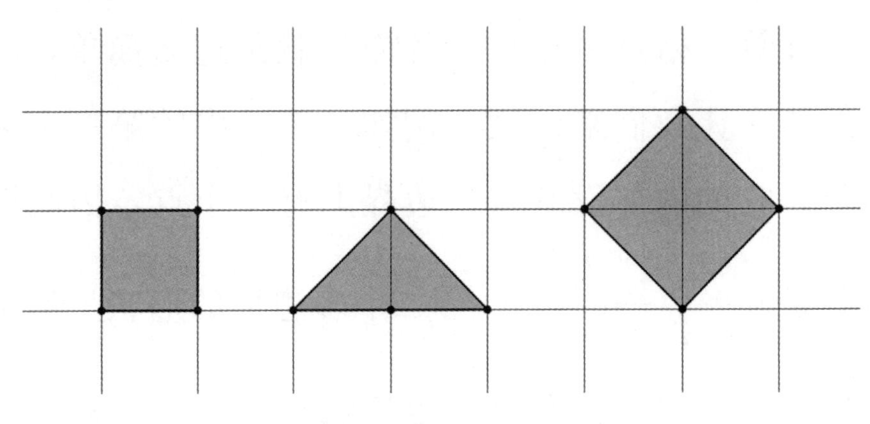

图 4

皮克定理有很多有趣的推论。例如，由皮克定理立即可知，格点多边形的面积一定是 $\frac{1}{2}$ 的整数倍。而这又可以推出，等边三角形的三个顶点不可能都在格点上，也就是说你永远不可能找出三个格点，它们恰好组成一个等边三角形。这是因为，假如等边三角形的边长为 s，可以求出其面积为 $\frac{\sqrt{3}}{4}s^2$，但由勾股定理可知，两个格点间的连线长度的平方一定是一个整数，即 s^2 一定是整数，从而 $\frac{\sqrt{3}}{4}s^2$ 一定是无理数，这与格点多边形的面积是 $\frac{1}{2}$ 的整数倍相矛盾。

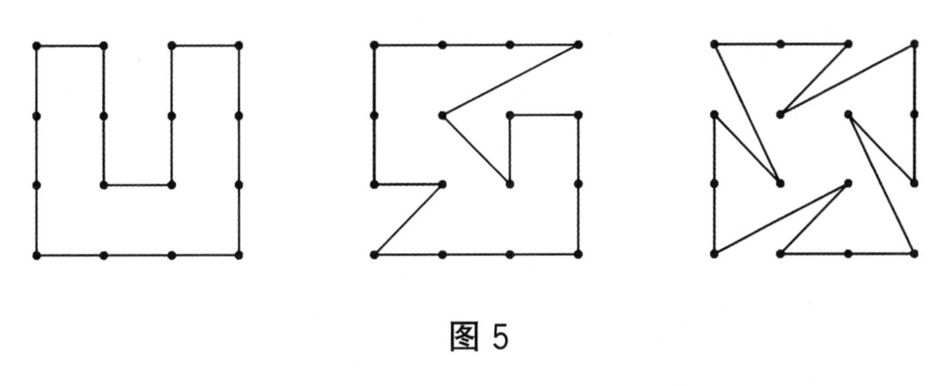

图 5

另一个有趣的推论是，在一个 $m \times n$ 的点阵中画一条经过所有点恰好一次的回路，得到的多边形面积一定是相同的。举例来说，图 5 中的三个多边形，哪一个面积最大？利用皮克定理便能立即看出，它们是一样大的。因为它们都是 4×4 点阵中的格点多边形，并且所有 16 个格点都用在了多边形边界上，内部显然不可能再有格点了，所以它们的面积都是 $0 + \frac{16}{2} - 1 = 7$。

皮克定理还有一些更精彩的推论。考虑平面直角坐标系中的直线 $x + y = n$，其中 n 是一个质数。这条直线将恰好通过第一象限里的 $n - 1$ 个格点（如图 6，图中所示的是 $n = 11$ 的情况）。将这 $n - 1$ 个点分别和原点相连，于是得到了 $n - 2$ 个灰色的三角形。仔细数数每个三角形内部的格点数，你会发现一个惊人的事实：每个三角形内部所含的格点数都是一样多的。这是为什么呢？

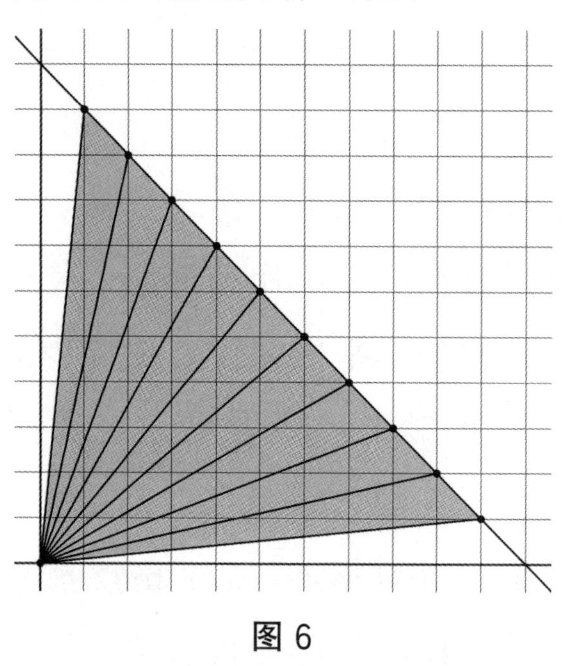

图 6

借助皮克定理，我们能得到一个漂亮的解释。首先，假如正整数 x 和 y 有一个公因数 d，也就是说 x 和 y 都是 d 的倍数，那么显然 $x+y$ 就也是 d 的倍数。反过来，如果 $x+y$ 是一个质数，这就表明 x 和 y 不可能有公因数，换句话说 x 和 y 是互质的。也就是说，点（x，y）和原点的连线不会经过其他格点。因此，所有灰色三角形边界上都只有 3

个格点（即三角形的三个顶点），不会再经过其他格点。另外，注意到所有灰色三角形都是等底等高的，因此它们的面积都相等。既然所有三角形的面积都相等，边界上的格点数也相等，由皮克定理可知，每个三角形内部的格点数也都相等。

一个东西最出神入化的运用还是见于那些本来与它毫不相干的地方。在数论中，法里（Farey）序列是指把 0 到 1 之间的所有分母不超过 n 的最简分数从小到大排列起来所形成的数列，我们把它记作 F_n。例如，F_5 就是

$$\frac{0}{1},\ \frac{1}{5},\ \frac{1}{4},\ \frac{1}{3},\ \frac{2}{5},\ \frac{1}{2},\ \frac{3}{5},\ \frac{2}{3},\ \frac{3}{4},\ \frac{4}{5},\ \frac{1}{1}$$

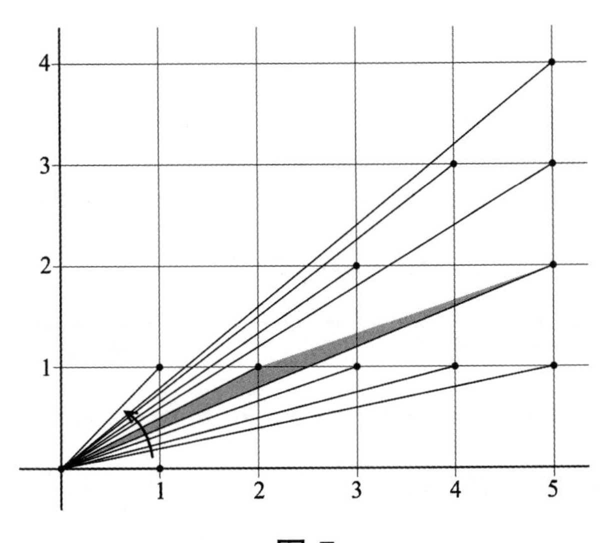

图 7

法里序列有一个神奇的性质：前一项的分母乘以后一项的分子，一定比前一项的分子与后一项的分母之积大 1。更不可思议的是，这竟然可以用皮克定理来解释！

把每一个介于 0 和 1 之间并且分母不超过 n 的最简分数都标记在平面直角坐标系上，例如 $\frac{0}{1}$ 就对应点（1，0），$\frac{1}{5}$ 就对应点（5，1），图 7 显示的是 $n=5$ 的情况。一个分数的大小，也就直观地反映为对应的标记点与原点连线的倾斜程度：倾斜程度越小，分数值越小；倾斜程度越大，分数值也就越大。现在，考虑一条以原点为端点的射线从 x 轴正方向出发逆时针慢慢转动到 y 轴正方向，这条射线依次扫过的标记点正好就是一个法里序列。考虑这根射线扫过的两个相邻的标记点，它们与原点所组成的三角形面积是多少呢？我们试着用皮克定理来计算。由于所有分数都是最简分数，也就是说它们的对应点的横纵坐标是互质的，因此它们与原点的连线上没有其他格点；又因为这是射线扫过的两个相邻标记点，因此三角形内部以及这两个标记点的连线上也都没有任何格点。可见，除了边界上的三个顶点外，三角形上再无其他格点了。因此，射线扫过的两个相邻点，与原点组成的三角形面积一定是 $0+\frac{3}{2}-1=\frac{1}{2}$。另外别忘了，上一节还讲到了三角形面积的叉积计算法，(a, b) 和 (c, d) 两个点与原点组成的三角形面积应该为 $\frac{ad-bc}{2}$。于是，对于法里序列的两个相邻分数 $\frac{b}{a}$ 和 $\frac{d}{c}$，我们有 $\frac{ad-bc}{2}=\frac{1}{2}$，即 $ad-bc=1$。

我们竟然用几何手段，证明了一个与几何毫无关系的数论定理！别吃惊，稍后大家还会看到一个几何定理的数论证法。

5. 欧拉公式的另类证法和出人意料的应用

图 1 中的大格点多边形是由若干个小格点多边形拼成的，怎样计算它的面积呢？我们有两种不同的计算方案。第一种方案是算出所有小多边形的面积和。如果把所有小多边形的内部格点数之和记作 $\sum I$，把所有小多边形各自边界上的格点数之和记

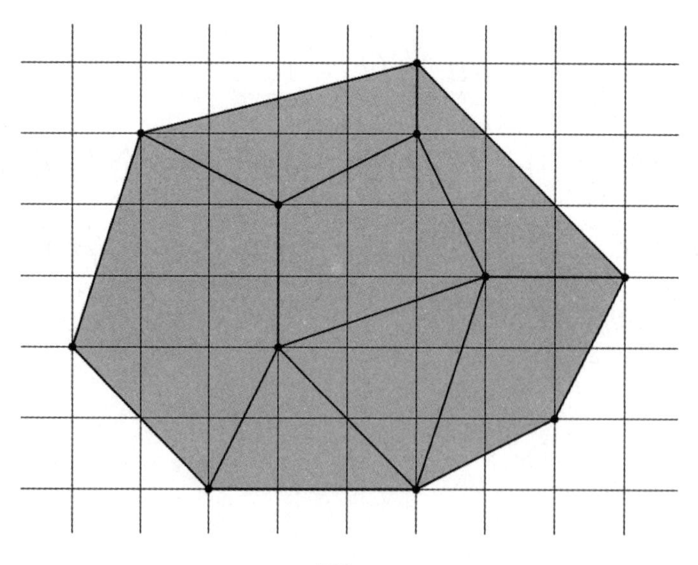

图 1

作 $\sum B$，把小多边形的个数记作 F，由皮克定理，这些小多边形的面积总和就是 $\sum I+\frac{\sum B}{2}-F$。需要注意的是，$\sum B$ 当中有很多格点都被算了多次。我们通常把一个交叉点的“分岔数”（也就是这个点向外发射的线条数）叫做这个点的“度数”，那么整个大多边形内部的每个顶点被重复计算的次数就等于它的度数，边界上的顶点被重复计算的次数则等于它的度数减 1。而对于线段上的格点，内部线段经过的格点都被重复算过两次，而大多边形边界上的线段经过的格点则只被算过一次。如果我们把内部顶点个数记作 V_i，把它们的度数之和记作 $\sum D_i$，再把边界顶点个数记作 V_b，把它们的度数和记作 $\sum D_b$，最后把所有内部线段经过的格点数之和记作 $\sum S_i$，边界上的线段经过的格点数之和记作 $\sum S_b$，那么 $\sum I+\frac{\sum B}{2}-F$ 就可以重新写成 $\sum I +$

$$\frac{\sum D_i + \sum D_b - V_b + 2 \times \sum S_i + \sum S_b}{2} - F。$$

第二种方案是用皮克定理直接计算整个大多边形的面积，它应该等于 $\sum I + \sum S_i + V_i + \frac{\sum S_b + V_b}{2} - 1$。由于两个式子计算的都是整个大多边形的面积，因此它们的值应该是相等的，也就是说：

$$\sum I + \frac{\sum D_i + \sum D_b - V_b + 2 \times \sum S_i + \sum S_b}{2} - F = \sum I + \sum S_i + V_i + \frac{\sum S_b + V_b}{2} - 1$$

去掉等号两边相同的部分，整个等式可以化简为：

$$\frac{\sum D_i + \sum D_b - V_b}{2} - F = V_i + \frac{V_b}{2} - 1$$

再整理一下，就成了：

$$\frac{\sum D_i + \sum D_b}{2} - F = V_i + \frac{V_b + V_b}{2} - 1$$

也就是 $\frac{\sum D_i+\sum D_b}{2}-F=V_i+V_b-1$。如果我们把这个图中的顶点总数记作 V，那么显然 V_i+V_b 就等于 V；如果再把这个图中的线段总数记作 E，由于每根线段都贡献了两个度数，因此 E 就等于所有顶点度数和的一半，也就是 $\frac{\sum D_i+\sum D_b}{2}$。至此，我们得到了一个重要的式子：$E-F=V-1$。对于所有本节开头给出的那种图，这个式子总是成立的。

习惯上，我们一般把它写成 $V-E+F=1$。另外，我们一般不说 F 是图中小多边形的个数，而是把它定义为一个更宽泛、更常见概念：图形的“区域数”。如果把整个图形外边无限大的空间也算作一个区域的话，等式就将改写为 $V-E+F=2$。

这便是著名的欧拉公式：任意一个图中的顶点数 V、线条数 E 和这些线条围成的区域数 F（包括最外边那个无限大的区域）一定满足 $V-E+F=2$。图 2 给出了一些具体的例子。有两点需要注意：

第一，这个图必须是一个完整的连通的图，不能是由好几个分离的小图组成；第二，图中的连线是不能交叉的，如果相交了，交叉点就要算作新的顶点。

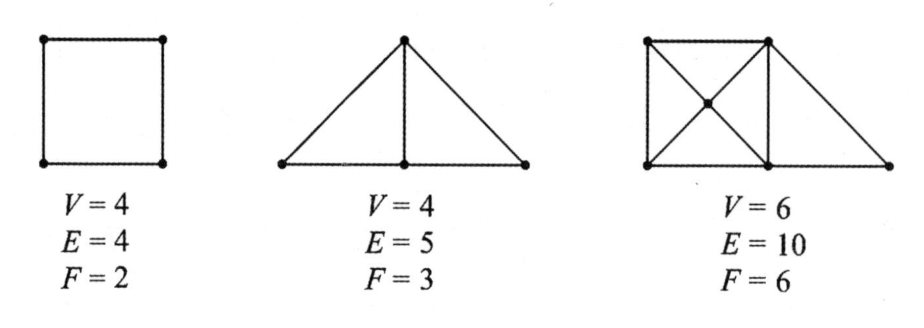

图 2

容易想到，即使顶点不在格点上，顶点数、边数和区域数的关系仍然是不变的。事实上，即使点与点之间的线条不是直的，顶点数、边数和区域数的关系依旧不变。更神的是，当我们放开限制后，图中完全有可能出现“两边形”，甚至是“一边形”，即使这样也丝毫不会影响 $V-E+F=2$ 的正确性。有趣的是，这个加强版的结论反而有一个更简单的证明。

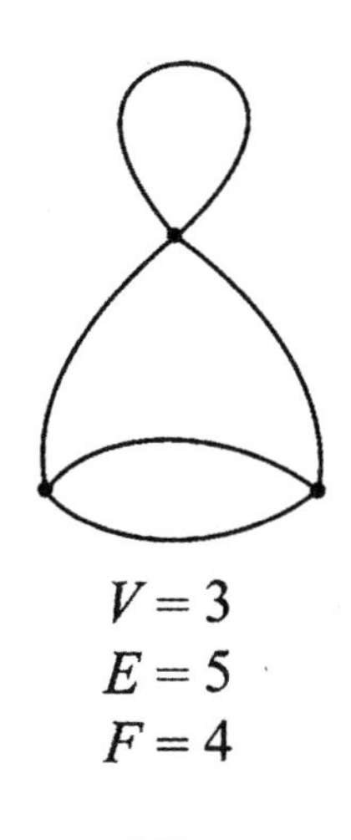

图 3

现在，让我们随便选取一根线条。如果这根线条的两端是两个不同的顶点，那么把这根线条的长度缩短为 0，把两个端点合并为一个点。这样一来，顶点数和边数都减少了一个。如果这根线条的两端是同一个顶点，换句话说这根线条其实是一个“一边形”，或者说是一个“圈”，那么直接把这根线条删掉，边数和区域数都将减少一个。无论哪种情况，$V-E+F$ 的值都是不变的。如图 4 所示，把所有的线条都删掉后，整个平面上就只剩一个孤点和一个空荡荡的区域了，由此可知 $V-E+F=2$。

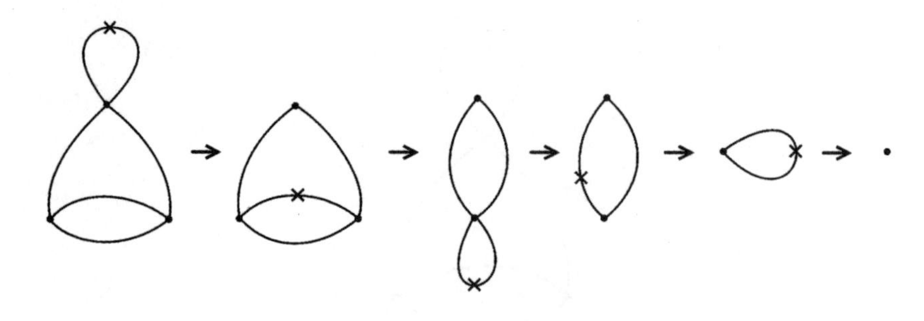

图 4

欧拉公式的实用价值非常高。在单面的印刷电路板中，线路是不允许相交的。假设电路板上有 A、B、C、D 四个点，有办法在每两个点之间都连接一条线路吗？图 5 的左边是一次失败的尝试，A、C 的连线和 B、D 的连线在中间相交了；不过稍作修正，就能得到一个满足要求的布线方案。

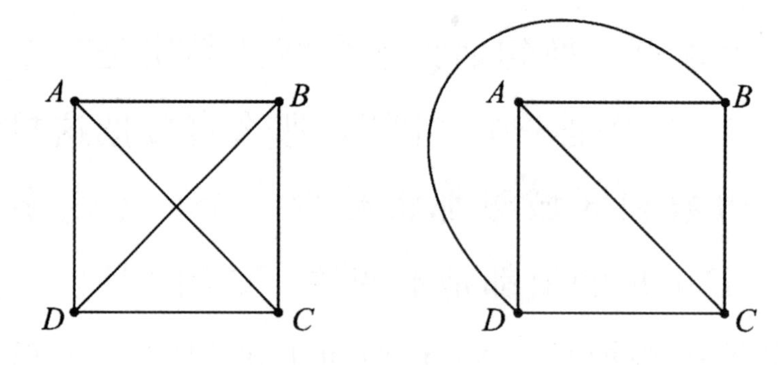

图 5

如果点的数目增加到 5 个，还能不交叉地连接所有的点对吗？欧拉公式告诉我们，这是绝对不可能办到的。首先注意到，在统计所有区域（包括最外边那个无穷大的区域）的边数之和时，每根线条都会被计算两次，因而所有区域的平均边数就是 $\frac{2E}{F}$。如果 5 个点之间两两连线，一共会产生 10 根线条。如果连线不相交，则它应该有 $E-V+2=10-5+2=7$ 个区域，于是每个区域平均拥有 $\frac{20}{7}$ 条边。这说明该图中至少存在一个边数小于 3 的区域。但是，我们只允许每两点之间连一条线，因此绝不会产生“一边形”或者“两边形”。因此，5 个点之间两两连线，线条将会不可避免地相交。

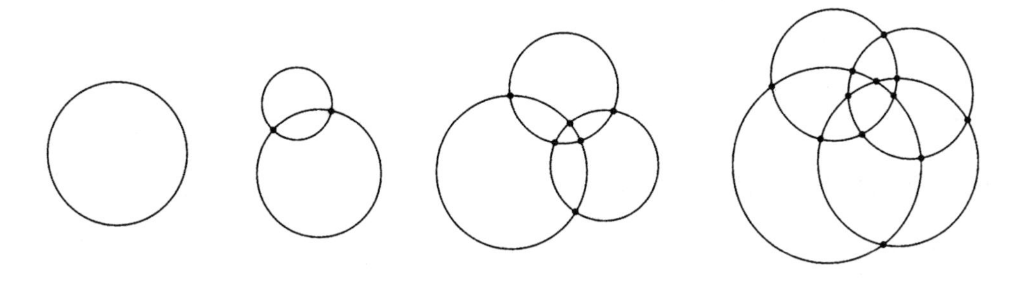

图 6

另外，在一个图形中，如果已知 V、E、F 三个数之中的任意两个，我们可以根据欧拉公式反过来求出第三个数。图 6 中，一个圆把平面分成了 2 份，两个圆把平面分成了 4 份，三个圆则把平面分成了 8 份。规律似乎很明显：n 个圆能够把平面分成 2^n 个区域。事实上真的如此吗？当 $n=4$ 时，例外发生了——此时整个平面只有 14 个区域。（回想我们在第 13 节讲的，当 $n=4$ 时，仅仅由圆构成的维恩图是不存在的。）

那么，这个数列的规律究竟是什么？n 个圆两两相交，将会把整个平面分成多少块？利用欧拉公式，我们可以瞬间解决这个问题。由于每两个圆之间都有两个交点，因此顶点数 $V=n(n-1)$；由于每个圆被切成了 $2(n-1)$ 条弧，因此 $E=2n(n-1)$。于是，$F=E-V+2=2n(n-1)-n(n-1)+2=n^2-n+2$。巧的是，当 n 分别为 1、2、3 时，n^2-n+2 的值正好是 2、4、8，好一个误导人的数列！

要比结论的误导性，什么也比不过下面这个例子。圆上有 n 个点，两两之间连线后，最多可以把整个圆分成多少块？

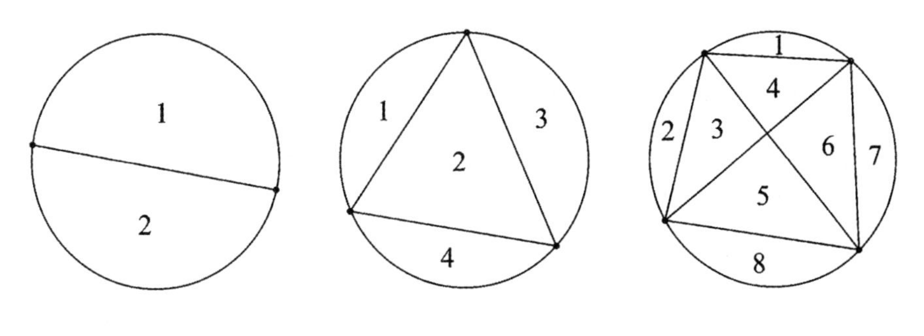

图 7

如果圆上只有一个点，圆内将不会产生任何线段，整个圆仍然是完整的一块。图 7 显示的就是 n 分别为 2、3、4 的情况。可以看到，圆分别被划分成了 2 块、4 块、8 块。规律似乎非常明显：圆周上每多一个点，划分出来的区域数就会翻一倍。事实上真的是这样吗？让我们看看当 $n=5$ 时的情况（见图 8）。

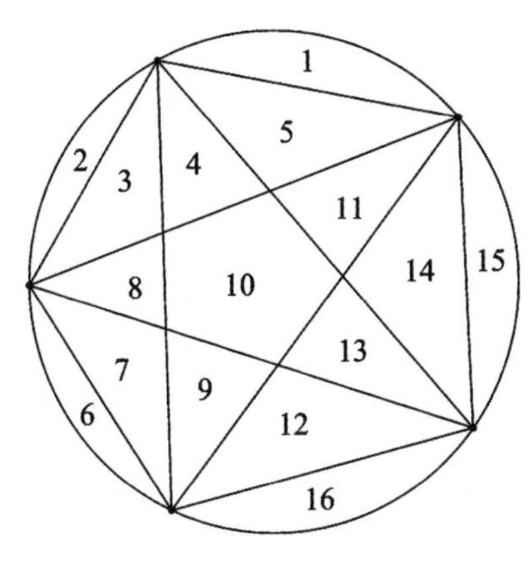

图 8

果然不出所料，整个圆被分成了 16 块，区域数依旧满足 2^{n-1} 的规律。此时，大家都会觉得证据已经充分，不必继续往下验证了吧。偏偏就在 $n=6$ 时，意外出现了（见图 9）。

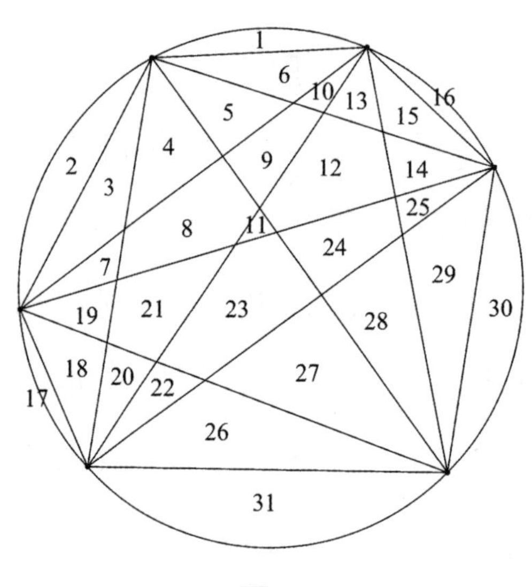

图 9

此时，区域数只有 31 个。那么，这个数列规律究竟是什么呢？这回，欧拉公式又帮上了大忙。圆周上每四个点交叉相连，就会在圆内产生一个交点，因此圆内一共有 C_n^4 个交点。加上圆周上本身的 n 个点，可得图中的总顶点数 $V=C_n^4+n$。圆内的每个顶点度数都为 4，圆周上的每个顶点度数都是 $n+1$，因此图中顶点的度数之和为 $4C_n^4+n(n+$

1）。由于每根线条都贡献了两个度，因而图中的总线条数就是 $E=\frac{4C_n^4+n(n+1)}{2}=2C_n^4+\frac{n(n+1)}{2}$。因此，图中的总区域数就是：

$$
\begin{aligned}
F&=E-V+2\\
&=\left(2C_n^4+\frac{n(n+1)}{2}\right)-(C_n^4+n)+2\\
&=C_n^4+\frac{n(n-1)}{2}+2
\end{aligned}
$$

它可以写成 $C_n^4+C_n^2+2$，去掉圆外面那个无限大的区域，圆内部的区域数也就是 $C_n^4+C_n^2+1$。其实这个答案也不难理解：每画出一条新线段后，假如这条新线段与原来已有的线段产生了 k 个新交点，那么圆内就会新增加 $k+1$ 块区域。由于没有画任何线段时，圆内的区域数为 1，因此最终总的区域数就是 1 加上所有交点的个数，再加上所有线段的数量，也就是 $C_n^4+C_n^2+1$ 了。

关键在于，$C_n^4+C_n^2+1$ 又可以重写成 $C_{n-1}^4+C_{n-1}^3+C_{n-1}^2+C_{n-1}^1+1$，也就是杨辉三角（见图 10）

第 n 行的前 5 个数之和。由于杨辉三角前 5 行都没超过 5 个数，因此当 n 是小于等于 5 的正整数时，$C_{n-1}^{4}+C_{n-1}^{3}+C_{n-1}^{2}+C_{n-1}^{1}+1$ 就相当于是杨辉三角第 n 行所有数全部相加的结果。而杨辉三角第 n 行的所有数之和正好就是 2^{n-1}，于是便诞生了数学中最具误导性的“伪规律”。

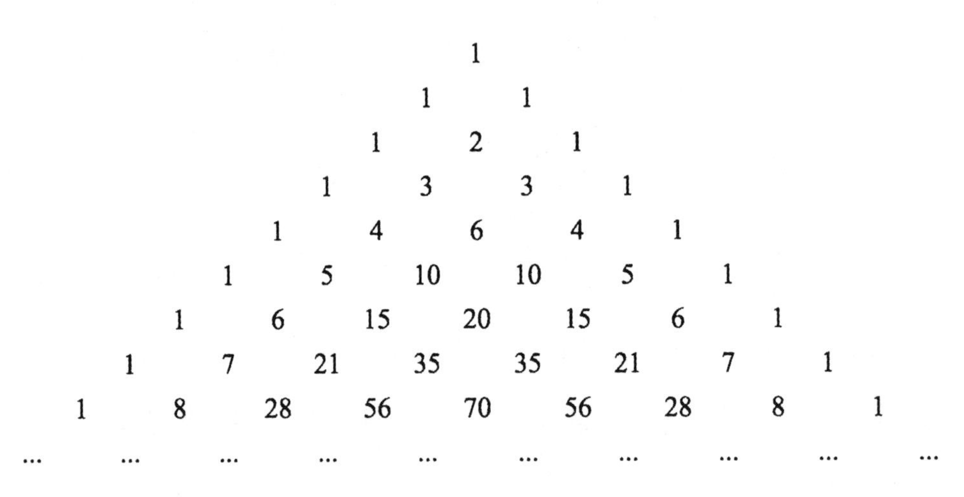

图 10

6. 定宽曲线与蒲丰投针实验

想象你在搬家时，需要让一个椭圆形的桌子通过一个笔直狭长的走廊。如果横着搬搬不过去，没准竖着搬就能搬过去了。毕竟，椭圆在不同方向上“宽度”是不一样的。不过，如果需要搬过去的是一个圆形的桌子，桌子的朝向就无所谓了。因为在各个方向上，圆的宽度都是一样的。

在数学中，违反直觉的东西太多了。你相信吗？除了圆以外，还有其他的平面几何图形，它在各个方向上的宽度也都一样！

让我们来构造一个满足要求的图形。如图 1，先画一个边长为 1 的等边三角形 ABC。然后，将每条线段两头各向外延长 1 个单位的长度，得到 D、E、F、G、H、I 这六个点。现在，以 A 为圆心，AD 为半径画弧，把 D、E 两点连接起来；再以 B 为圆心，

BE 为半径画弧，把 E、F 两点连接起来；类似地，再分别以 C、A、B、C 为圆心，以 CF、AG、BH、CI 为半径画弧，把剩下的点连接起来。

这个似圆非圆的图形就满足，在各个方向上的宽度都是一致的。从图 2 中容易看出，在任意一个地方，这个图形的宽度都等于 3。

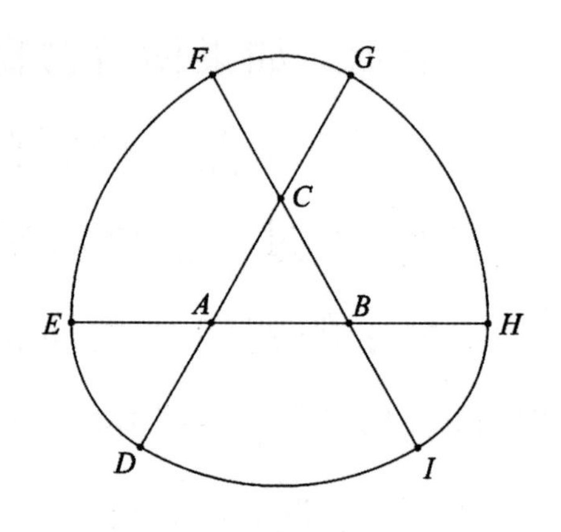

图 1

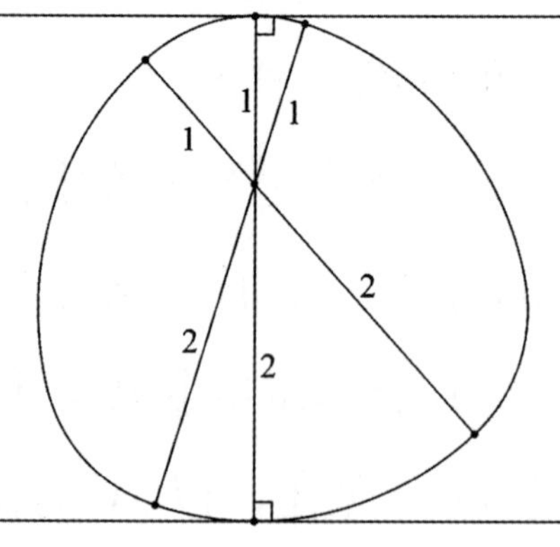

图 2

如果把若干个以此图形为横截面的铅笔垫在一块木板下，木板同样会毫无颠簸地向前滚动，和圆柱形滚轮的效果没什么两样。同样满足要求的图形还有很多很多，斯坦利·拉比诺维茨（Stanley Rabinowitz）甚至给出了一个非常复杂的八次曲线，它也满足宽度处处相同的性质。在数学中，我们把这种各处宽度都相同的平面几何图形叫做“定宽曲线”。

圆的很多性质都可以扩展到所有的定宽曲线中。例如，定宽曲线上任意两点之间的距离都不会超过图形的定宽。这又带来了下面这个有趣的“冷知识”：为了不让下水道井盖掉进下水道里，除了圆形井盖以外，所有定宽曲线形状的井盖也都是满足要求的。巴比尔（Barbier）定理则给出了定宽曲线的另一个漂亮的性质：如果一个定宽曲线的宽度为 d，那么它的周长就是 $\pi \cdot d$（正如圆的周长与直径的关系一样）。换句话说，取一些宽度相同但形状不同的定宽曲线，它们在地上滚动一周后，都将会前进相同的距离。

在数学之美部分讲数学常数时，我们就已经谈到过 π 了。我们说过，圆周率 π 经常出现在一些和它毫无关系的场合中。其实，我们当时并没有提到最典型的一个例子——蒲丰投针实验。这是由 18 世纪法国著名数学家蒲丰（Comte de Buffon）在把微积分引入概率论时提出的：假设地板上画着一系列间距为 1 的平行线（见图 3），把一根长度为 1 的针扔到地上，则这根针与地板上的平行线相交的概率是多少？答案非常出人意料：这个概率为 $\frac{2}{\pi}$。

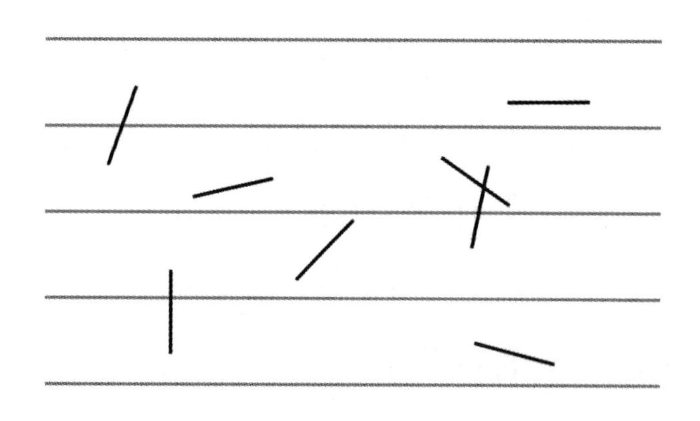

图 3

利用一些微积分知识，我们可以很快证明这一结论。假设一根针的中心与地板上最近的直线距离

为 x，那么 x 的取值一定在 0 到 $\frac{1}{2}$ 之间。此时，只要图 4 中所示的夹角 θ 不超过 $\arccos\left(\frac{x}{1/2}\right)$，这根针就会和直线相交。

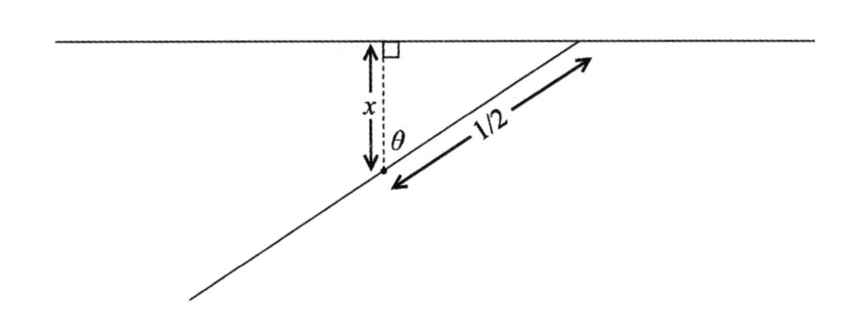

图 4

我们建立一个平面直角坐标系，其中横轴代表针的中心与最近直线的距离，取值范围是从 0 到 $\frac{1}{2}$；纵轴则代表针的倾斜角度，取值范围是从 0 到 $\frac{\pi}{2}$。如果把针在地板上的分布情况用这么一个矩形区域中的点集来表示，那么针会与平行线相交的情况就是图 5 中的阴影部分。

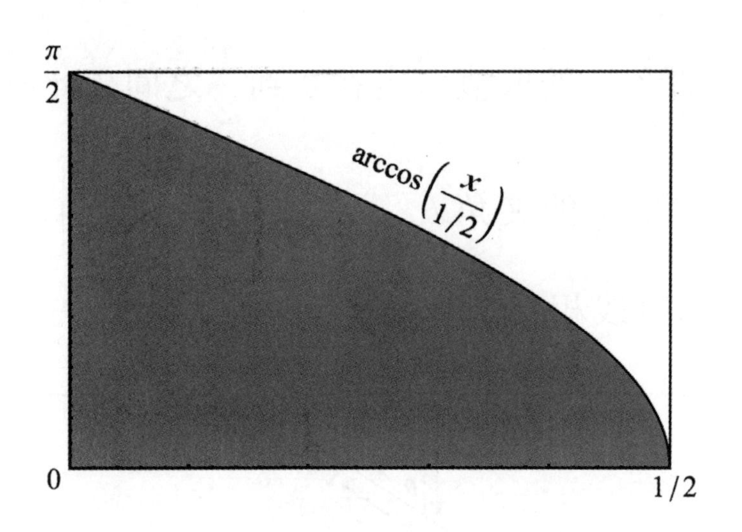

图 5

利用微积分不难算出，阴影部分的面积是 $\int_0^{1/2}\arccos\left(\frac{x}{1/2}\right)dx=\frac{1}{2}$。而整个矩形的面积是 $\frac{\pi}{2}\times\frac{1}{2}=\frac{\pi}{4}$，前者占后者的 $\frac{2}{\pi}$。这就说明，针与平行线相交的概率是 $\frac{2}{\pi}$。

不过，即使看到了结论的证明过程，大家或许还是感到很不理解：结论里的 π 究竟是哪里来的呢？这个结论是否有一个更加直观的解释呢？

现在，让我们来考虑任意长度甚至是任意形状的针，或者叫铁丝更为恰当一些。如图 6，把这样的铁丝扔在地板上，铁丝与平行线有可能相交不止一次。我们有这样一个神奇的结论：给定一根弯弯曲曲的铁丝，把它扔在地板上后，它与平行线的平均交点数量只与铁丝本身的长度有关。铁丝越长，平均交点数也会越大，两者成一个正比关系。下面有一个直观的证明思路。我们可以把这根铁丝看作由很多条短小的直线段组成。那么，在大量的投铁丝实验，比如 1 亿次实验后，铁丝与平行线相交的总次数，就等于所有的小线段在所有 1 亿次实验中与平行线相交次数的总和。但是，每一条小线段的形状都是相同的，并且大量实验后，它们的落点最终都会均匀地分布在整个地板上（即使这些小线段之间是首尾相连的）。因此，在这 1 亿次实验中，每条小线段各自与平行线的相交总次数都是大体相同的。铁丝越长，铁丝所含的小线段越多，铁丝与平行线的总交点数也就会越多。自然，平均每次实验中铁丝与平行线的交点数，也就与铁丝的长度成正比了。也就是说，假设铁丝的长度是 L，则铁丝与平行线的平均交点个数就是

$c \cdot L$，其中系数 c 是一个常数。

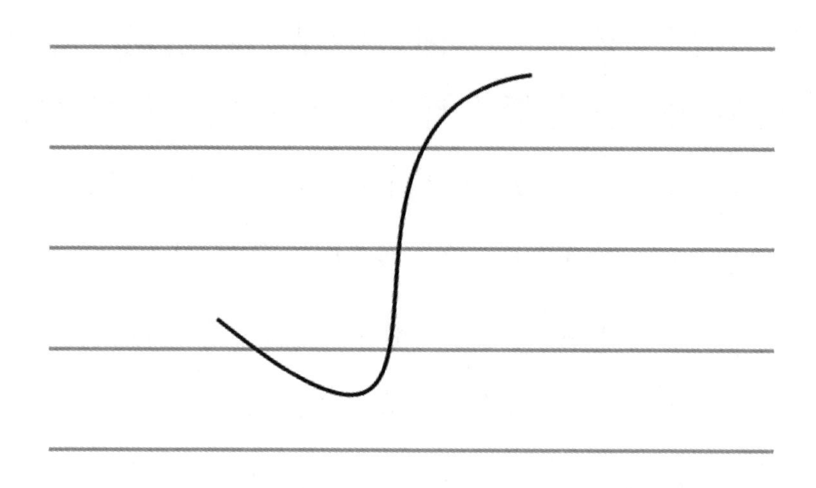

图 6

这个常数是多少呢？为了求出这个常数，我们只需要考虑一些特殊的情况。注意到，把一根长度为 π 的铁丝弯成一个直径为 1 的圆，再把它扔到地上之后，它与这组平行线总有两个交点。这就是说，$c \cdot \pi = 2$，即 c 等于 $\frac{2}{\pi}$。那么，一根单位长度的针与平行线的交点个数的期望值就是 $\frac{2}{\pi}$；而由于这根针与平行线不可能有两个或两个以上的交点，因此这个数值就相当于针与平行线相交的概率了。

好了，真正神奇的地方来了。由于“直径”为

1 的定宽曲线与平行线也总有两个交点，因此它的周长必然也是 π。我们就这样证明了巴比尔定理，而巴比尔定理本来和概率论没有半点关系！

7. 来自不同领域的证明

说到数学证明，不得不谈到数学界的一篇奇文。1987 年，斯坦·瓦根（Stan Wagon）在《美国数学月刊》上发表了一篇题目为《一个矩形剖分定理的十四种证法》的论文，论文中提到了这么一个定理：

如果一个矩形可以分割为若干个小矩形，每个小矩形都有至少一边为整数长，则原矩形同样有至少一边为整数长。

换句话说，用至少有一边的长度是整数的小矩形拼成一个大矩形，大矩形也一定有至少一条整数长的边。这个命题看似简单，想到证明方法却并不容易。斯坦·瓦根竟然给出了十四种完全不同的证明方法，每一种证明方法都非常巧妙。我选择了其中六个最具代表性的证明，和大家一同分享。

我们所要介绍的第一个证明是我觉得最巧妙的证明方法。证明的关键在于下面这个引理：像国际象棋棋盘一样对整个平面黑白染色，那么与两坐标轴平行放置且至少一边长为偶数个单位的矩形一定覆盖了相同面积的黑色区域和白色区域。原因很简单，如图 1，不妨假设这个矩形的水平方向上的边是偶数个单位长，那么该矩形中的每个横条显然都覆盖了相同面积的黑白两色区域。对于竖直边的边长为偶数的矩形，也是同样的道理。

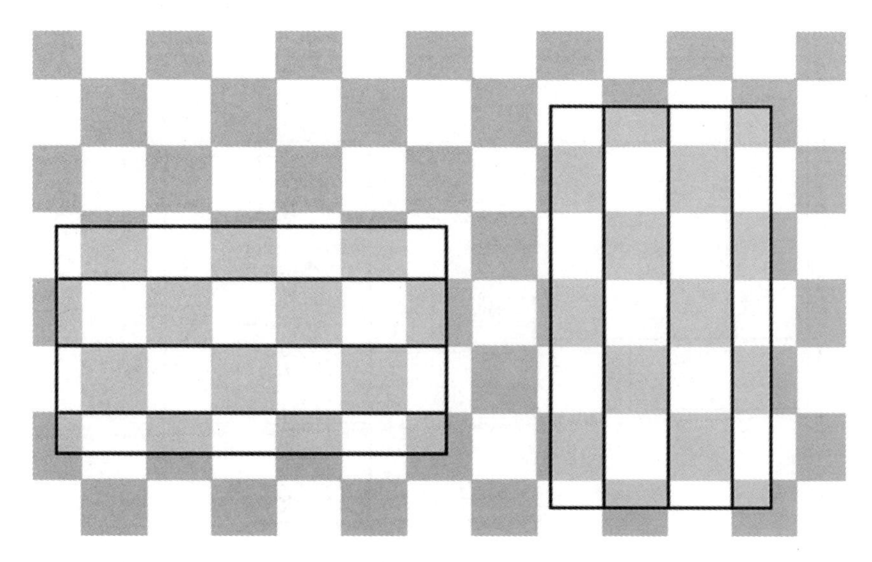

图 1

下面，我们把平面分成 $\frac{1}{2}\times\frac{1}{2}$ 大小的正方形，并且像上面那样对其进行黑白二染色，然后像图 2 那样，将整个大矩形对齐坐标轴放在平面上，左下角和原点重合。这个矩形内的每个小矩形都有至少一条整数边，也即至少有一边的长度是 $\frac{1}{2}$ 的偶数倍，因此每个小矩形都覆盖了相同面积的黑色区域和白色区域。这样，整个大矩形也就覆盖了相同面积的黑色区域和白色区域。

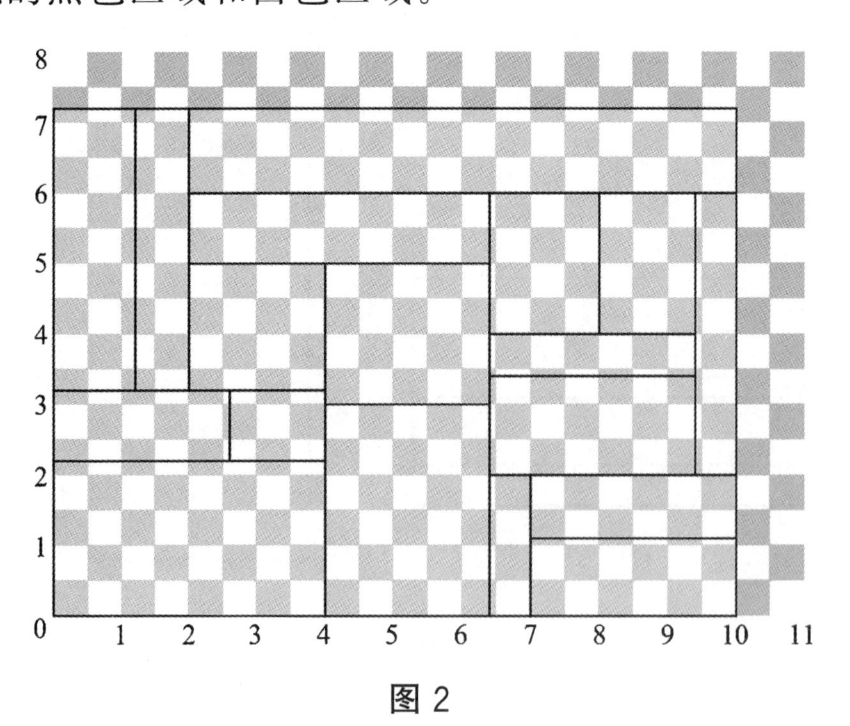

图 2

下面我们将说明，对于一个左下角与原点对齐的矩形，如果右上角的顶点（x，y）的两个坐标值都不是整数，那么这个矩形所覆盖的黑色区域的面积一定大于白色区域。如图 3，除去黑白相等的“整”的部分，最后剩下的就是最右上角的那个横纵两个方向均未被填满的 1×1 正方形有待讨论。

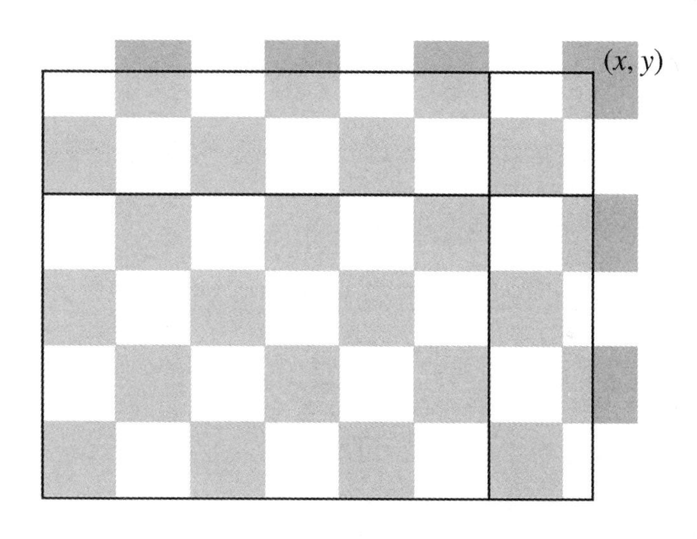

图 3

如图 4，坐标（x，y）的位置只有 A、B、C 三种可能。如果坐标（x，y）位于区域 A，很容易看出黑色面积比白色面积大；如果坐标（x，y）位于区域 B，也很容易看出黑色面积比白色面积大；如果坐标（x，y）位于区域 C，则矩形没有覆盖到的拐角形区域中白色面积更大，因而矩形内的黑色面积就更大一些。

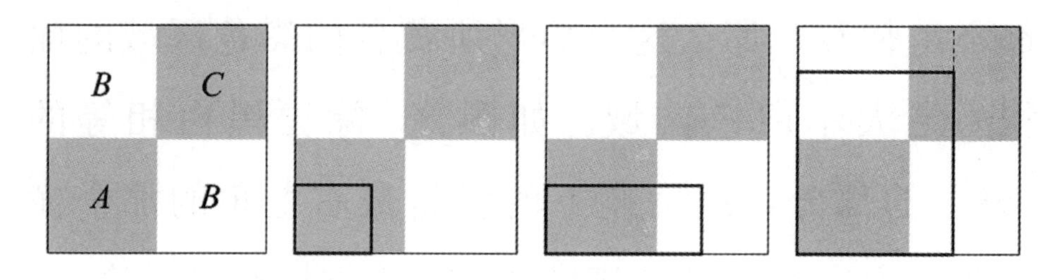

图 4

如果要让整个矩形覆盖相同面积的黑色区域和白色区域，x 和 y 至少有一个是整数才行，而这就是我们所要证明的结论了。

利用数学归纳法，我们可以得到另一个思路完全不同的初等的证明。如图 5，我们首先把每个小矩形都分割成单位宽度的长条。这样的话，大矩形里就只有两种小矩形：宽为 1 的竖条状矩形（图 5 中的浅色矩形）和高为 1 的横条状矩形（图 5 中的深色矩形）。我们对浅色矩形的个数施加归纳。随便选择一个浅色的矩形（例如图 5（2）中的阴影矩形），增加它的高度，让它“穿过”它头顶上的深色矩形（把它正上方的深色矩形截断），直到这根

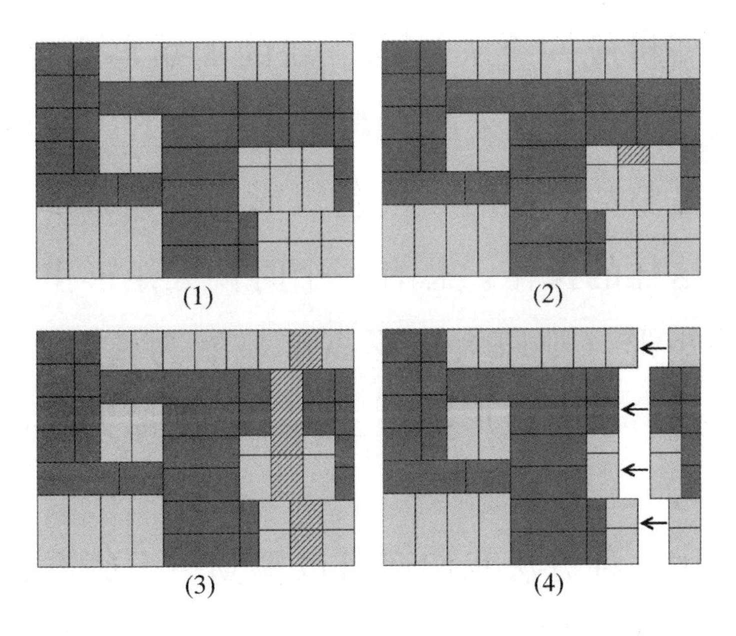

图 5

竖条状矩形的顶端碰到了另一个浅色矩形的底端。把后者作为新的操作对象，继续增加其高度，必要时再次更换操作对象，直到达到整个大矩形的上边界。我们用同样的方法让最初所选的阴影矩形向下“生长”到大矩形的下边界。

注意到在此过程中，浅色矩形始终保持着单位宽度，深色矩形始终保持着单位高度。整个过程结束后，深色矩形的个数变多了，但浅色矩形的个数不变。此时我们得到了一条上下贯穿整个大矩形的浅色矩形链。把它们擦掉，将右半部分左移一个单位，重新拼成一个大矩形。新的大矩形高度不变，宽度减 1，因而原来的整数边还是整数，非整数边仍然不是整数。同时，浅色矩形的个数减少了。反复进行这样的操作，总有一个时候大矩形里只剩下深色的矩形（则原大矩形高度显然为整数），或者某次操作后所有矩形都被去掉了（则原大矩形宽度为整数）。

借用这种方法我们还可以得到一个颇有喜剧效果的反证法。假设大矩形的长度和宽度都不是整数，那么每一步操作后，它们仍然是非整数，这表明大矩形里不可能只剩一种颜色的小矩形，于是我们可以无限制地调用上面的操作。最后的结果是：我们得到了一个用整数长或整数宽的小矩形拼成的一个大矩形，而这个大矩形的横边竖边都小于 1！这显然是荒谬的。

接下来，我将要给大家介绍第三种证明方法——图论方法。如图 6，首先，找出图中所有的“交叉点”（包括整个大矩形的四个顶点），然后按照下面的方式把它们连起来：对于每个小矩形，如果

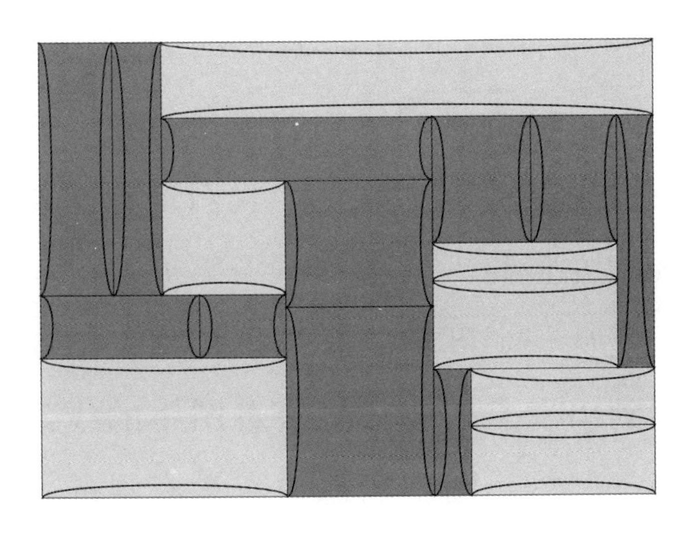

图 6

它的两条水平边的长度是整数，就用上下两条线分别连接水平方向上的两对点；如果它的两条竖直边的长度是整数，就用左右两条线分别连接竖直方向上的两对点；如果它的四条边的长度都是整数，只需连接其中一组对边即可。这样的话，每个矩形都会产生两条连线，矩形的四个顶点各被用过一次。于是，我们得到了一个由若干顶点和这些顶点之间的连线构成的图。在这个图中，大矩形的四个顶点的度数为 1；由于其他每个交叉点都同属于两个小矩形或者四个小矩形，因此其余顶点的度数都是 2 或者 4。下面，我们把这个矩形放在平面直角坐标系中，大矩形的左下角对齐原点（0，0）。现在，从原点出发，沿着我们所画的线条行走，并且把沿途走过的线条都擦掉。显然，我们走到的每个点的两个坐标均为整数。

我们是从一个度数为 1 的顶点出发的，显然不可能再回到出发点了，只能沿着图中的线条漫无目的地游荡。但是，图中的总边数是有限的，总有一个时候我们将会无路可走。注意到，我们绝不可能在度数为 2 或者 4 的地方无路可走，因为度数为偶数也就意味着这个顶点“有进必有出”。因此，这趟旅程的终点必然会落在另一个度数为 1 的点上。这个终点一定是大矩形的另一个角，因而它的两个坐标值均为整数。于是命题得证。

利用类似的思路，安德烈·内普（Andrei Gnepp）曾给出一个更简单的证明：由于每个小矩形都有至少一对整数长的边，因而一个小矩形的四个顶点中，两个坐标值均为整数的顶点只可能有 0 个、2 个或者 4 个。把它们全部加起来，符合条件的总顶点数 S 仍然是偶数。但是，这 S 个顶点中有些点是重复算过的。

除了大矩形四个角上的顶点外，其他每个顶点都同属于两个矩形或者四个矩形，如果某个顶点的横纵坐标都是整数，则它将会被重复计算两次或者四次。假如我们有 S_1 个两坐标均为整数的顶点只被算过一次，有 S_2 个这样的点被算过两次，有 S_4 个这样的点被加了四次，则有 $S = S_1 + 2 \times S_2 + 4 \times S_4$。我们立即得出，$S_1$ 也是偶数。但我们已经有一个只被算过一次的点（即最左下角的点（0，0）），那么 S_1 至少为 2，即至少还有一个两坐标均为整数并且只被算过一次的点，它即是大矩形的另一个角。

彼得·温克勒（Peter Winkler）也曾给出图论证明法的另一个变形。如图 7，还是把整个大矩形放在平面直角坐标系中，左下角和原点重合。现在，对于每个小矩形，如果它的两条水平边的长度是整数，就把这个矩形染成浅色，不过在上下两条边各留下一个很窄很窄的深色横条；如果它的两条竖直边的长度是整数，就把它染成深色，不过左右两条边各留下一个很窄很窄的浅色竖条；如果它的四条边的长度都是整数，就随便采用一种染色方案。

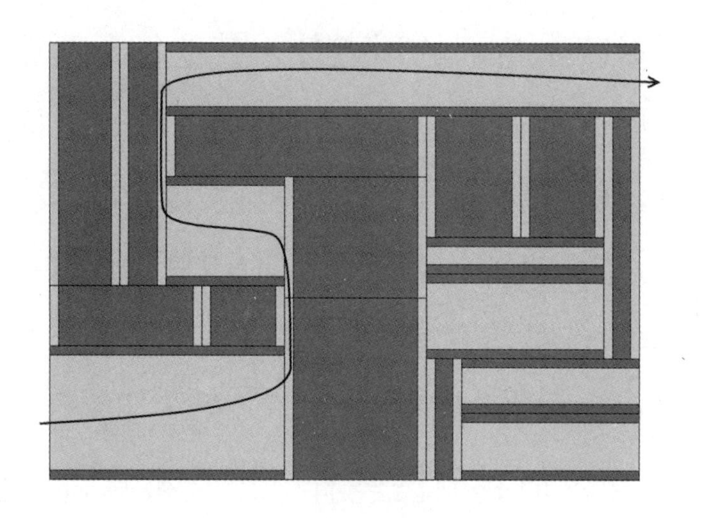

图 7

那么，整个大矩形中要么存在一条从左边界到右边界的浅色路径，要么浅色区域没能连通左右边界，从而整个图中存在一条从下边界到上边界的深色路径。在前一种情况中，容易看出，这条路径穿过的所有竖直线段的 x 坐标都是整数，这就表明整个大矩形的宽度是整数；类似地，后一种情况也就表明，整个大矩形的高度是整数。

接下来是第四种证明方法，这种证明方法可就有些另类了。同样将矩形放置在平面直角坐标系中，左下角对齐原点 (0，0)。选取一个充分小的变量 t。对于每个小矩形，把所有 x 坐标不是整数的竖直边都向右平移 t，把所有 y 坐标不是整数的水平边都向上平移 t。如果一个小矩形的竖直边的长度是整数，那么它的两条水平边要么都被平移了 t，要么都没有被平移；如果一个小矩形的水平边的长度是整数，那么它的两条竖直边要么都被平移了 t，要么都没有被平移。总之，一个宽和高分别为 w、h 的小矩形，变化之后的新的面积只可能是 $w\times(h\pm t)$、$(w\pm t)\times h$、$w\times h$ 中的一种，它一定是一个关于 t 的一次函数（包括常函数的情况）。因此，整个大矩形的新面积也是一个关于 t 的一次函数。然而，如果大矩形的两条边的长度 a、b 都不是整数，大矩形的面积将会变为 $(a+t)(b+t)$，这是一个关于 t 的二次函数。因此，大矩形至少会有一条整数长的边。

下面轮到真正怪异的证明方法登场了。借助看上去与这个问题毫不相干的微积分知识，我们能够迅速证明这一结论。还是把矩形放在平面直角坐标系中，左下角对齐原点（0，0）。考虑函数 $e^{2\pi i(x+y)}$ 在每个小矩形上的积分：

$$
\begin{aligned}
&\int_{x_0}^{x_1}\int_{y_0}^{y_1} e^{2\pi i(x+y)}\,dy\,dx \\
&=\int_{x_0}^{x_1} e^{2\pi ix}\,dx \cdot \int_{y_0}^{y_1} e^{2\pi iy}\,dy \\
&=\frac{1}{(2\pi i)^2}(e^{2\pi ix_1}-e^{2\pi ix_0})(e^{2\pi iy_1}-e^{2\pi iy_0})
\end{aligned}
$$

显然，这个式子等于 0 当且仅当 x_1-x_0 和 y_1-y_0 中至少一个是整数，也即该小矩形至少有一边的长度是整数。考虑函数在整个大矩形上的积分，它可以拆成各个小矩形上的积分的和，因此结果仍然是 0。这说明，大矩形中也有至少一条整数长的边。

令人更加难以置信的是，这个结论竟然还有一种数论证法。证明的关键就在于，质数有无穷多个。给定一个满足要求的大矩形，如果你宣称它的四条边的长度都不是整数，它们都多出了大小至少为 ε 的"零头"。那么，我总能找出一个足够大的质数 p，使得 $\frac{1}{p}<\varepsilon$。然后我们将说明，大矩形其中有一条边的长度除去整数部分后的"零头"不会

超过 $\frac{1}{p}$，由此产生矛盾。这样的话，至少有一边恰好是整数长才行。

仍然是把大矩形放在平面直角坐标系中，左下角对齐原点（0，0）。考虑所有形如 $\left(\frac{i}{p}, \frac{j}{p}\right)$ 的点所形成的点阵（其中 i 、j 均为整数）。我们需要把整个点阵平移到一个合适的位置，使得点阵中没有点恰好落在小矩形的边界上。这总是可以办到的，例如，我们算出每个小矩形的每条横边到点阵中离它最近的点的距离，取所有这些最近距离中最小的非 0 的值，然后在竖直方向上将点阵移动一个比这还小的距离；另一个方向亦是如此。

假如数轴上分布着间隔为 $\frac{1}{p}$ 的点，容易看出，任取一个长度为整数的区间，只要这些点不与区间的端点重合，那么区间内所含点数一定是 p 的倍数。注意到每个小矩形内部所含的点数都是两个数的乘积，由于其中至少有一个数恰好是 p 的倍数，因此每个小矩形内都有 p 的倍数个点。那么，整个大矩形所含的点的个数（即所有小矩形所含点数之和）也是 p 的倍数。大矩形内的所有点的个数也是两个数的乘积，然而 p 是质数，因此两个数中至少一个含有因数 p。那么，对应的那条边也包含了 p 的倍数个点。这说明，这条边应该是整数长，最多有 $\frac{1}{p}$ 的误差。

8. 平分面积的直线

零点定理是大家平时生活中用惯了以至于反而觉得很陌生的一个定理。若函数 $f(x)$ 在区间 $[a, b]$ 连续，并且 $f(a)$ 与 $f(b)$ 一正一负，那在 (a, b) 之间一定存在某个 x，使得 $f(x)=0$。如果你从海拔为 -100 米的地方走到海拔为 400 米的地方，那么不管你是怎么走的，都一定会有某一时刻恰好位于海平面高度。另一个比较隐蔽一些的应用便是，对任意一个凸多边形，总存在一条直线把它分成面积相等的两份。考虑一条竖直直线从左至右扫过整个凸多边形，则凸多边形位于直线左边的那部分面积由 0 逐渐增大为整个凸多边形的面积，直线右侧的面积则由最初的整个凸多边形面积渐渐变为 0。若把直线左侧的面积记为 $f(x)$，直线右侧的面积记为 $g(x)$，则随着直线位置 x 的变化，

$f(x)-g(x)$ 的值由一个负数连续地变为了一个正数，它一定经过了一个零点。这表明，在某一时刻一定有 $f(x)=g(x)$。

大家或许曾经想过这样一个问题：对于任意一个凸多边形，我们总能用两条互相垂直的直线把它的面积分成四等份吗？答案是肯定的。如图 1，利用前面的结论，我们能找到一条直线 l_1，它把整个凸多边形分成上下相等的两份；类似地，我们能找到唯一的一条与 l_1 垂直的直线 l_2，使得它恰好把整个凸多边形分成左右相等的两份。注意，现在我们有 $A_1+A_2=A_2+A_3=A_3+A_4=A_4+A_1$，由此还可以立即知道 $A_1=A_3$ 并且 $A_2=A_4$，但这都还不足以保证四块面积全都相等。怎么办呢？注意，我们前面假定直线 l_1 是一条水平直线。事实上，l_1 每取一个方向，我们都能用上面的方法得到一个具有相同性质的新构造。现在，我们将直线 l_1 的方向顺时针旋转 90 度。考虑整个过程中 A_1-A_2 的值的变化：旋转后的 A_1-A_2 恰好就是旋转前的 A_2-A_3，而 A_1 和 A_3 又是相等的。于是我们发现，旋

转前后 A_1-A_2 的值恰好互为相反数！这表明，在直线 l_1 旋转的过程中，一定有一瞬间满足 $A_1-A_2=0$，这一刻的 l_1 和 l_2 便是两条互相垂直并把图形四等分的直线。为了证明这个结论，我们三次嵌套地使用了零点定理！

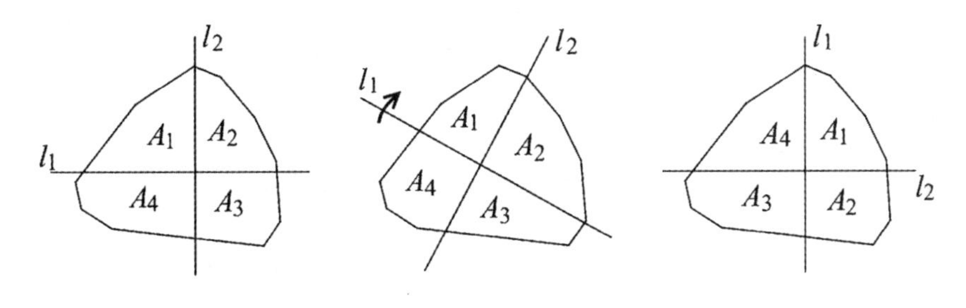

图 1

故事并未到此结束。我们还有这样的定理：对于任意一个凸多边形，总能用三条交于一点的直线把它的面积分成六等份。

如图 2，先用直线 l_1 把图形分成上下相等的两半。对于 l_1 上的任意一点 P，总存在唯一一组的四条射线，它们和直线 l_1 一起恰好把图形分成六等份。我们把 r_1 和 l_1 的夹角记做 α，把 r_3 和 l_1 的夹角记做 β。现在，考虑点 P 从 l_1 最左边向最右边移动，则角 α 由 180 度慢慢变成 0 度，角 β 则从 0 度慢慢变成 180 度，因此在此过程中必然有 $\alpha=\beta$ 的时刻。此时 r_1 和 r_3 就在一条直线上了。接下来，将 l_1 的方向顺时针旋转 180 度，同时不断调整点 P 的位置，保持 r_1 和 r_3 始终在一条直线上。最终得到的构造将会和刚才一样，只不过 r_2 和 r_4 交换位置了：原来 r_4 在 r_2 延长线的顺时针方向，现在 r_4 跑到了 r_2 的延长线的逆时针方向，前后两个有向角的角度互为相反数。因此，在 l_1 旋转的过程中，必然有某个时刻 r_2 的延长线和 r_4 正好重合。此时，l_1、r_1 和 r_3 所在的直线、r_2 和 r_4 所在的直线就是把凸多边形面积分成六等份的 3 条直线。

这个证明过程真可谓是把零点定理用到了炉火纯青的地步。大家不妨数一数，在这个证明过程中，我们一共嵌套地用到了多少次零点定理！

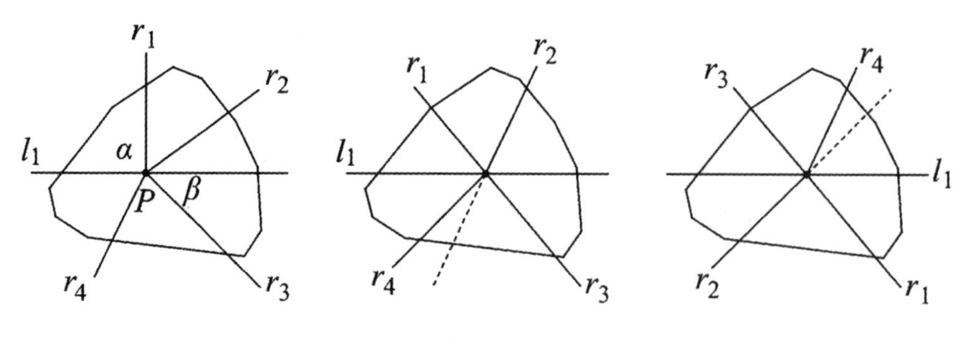

图 2

9. 小合集（二）：图形证明

你所见过的最短的证明有多长？一句话？一个字？事实上，真正最直观、最简单的证明过程连一个字都不用，这便是证明的最高境界——“无字证明”。在证明一个数学命题，尤其是一些与数列相关的命题时，比起大段大段的文字来，一张不附带任何文字的图片往往更能说明问题。

先来看一个有趣的智力题吧：如何把图 1 中的图形分成大小形状完全相同的四等份？

如果你是第一次听说这个题目，你一定会觉得答案异常巧妙（见图 2）。

有趣的是，我们分割出来的每一小份正好都与原来的整个图形是相似的，因此我们可以选取其中一小份再次四等分，并无限地这样做下去，从而不

断得到图形总面积的 $\frac{1}{4}$、$\frac{1}{16}$、$\frac{1}{64}$ 等等。我们立即得到图 3。

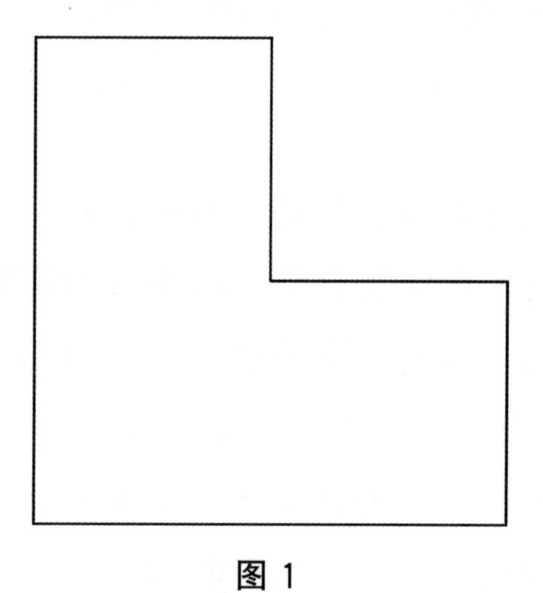

图 1

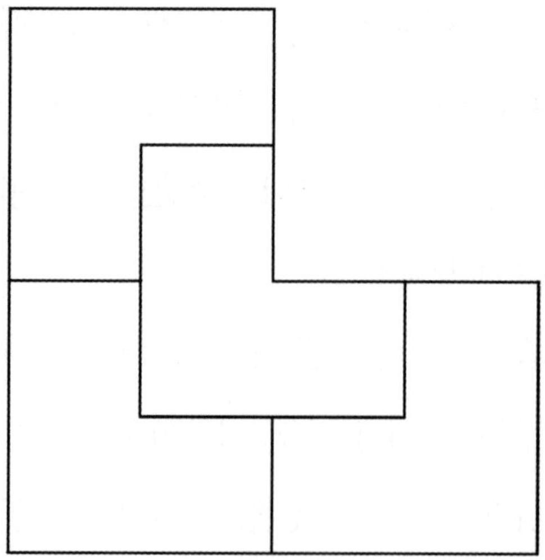

图 2

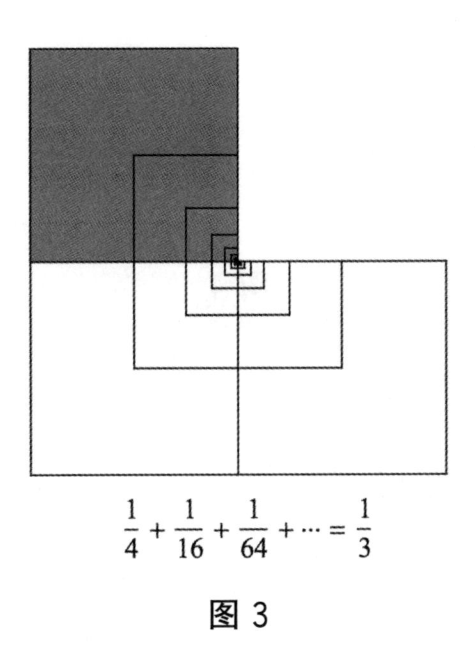

图 3

于是，$\frac{1}{4}+\frac{1}{16}+\frac{1}{64}+\cdots=\frac{1}{3}$ 这一结论变得几乎是显而易见的了！

除了“拐角形”以外，很多其他的几何图形也具有这样的性质：它包含了四个更小的自己。图 4 所示的是两个梯形，它们的下底都是上底的两倍，左边那个梯形的两底角分别是 45 度和 90 度，右边那个梯形的两个底角都是 60 度。这两个图形也可以分割成和原图形相似的四份。

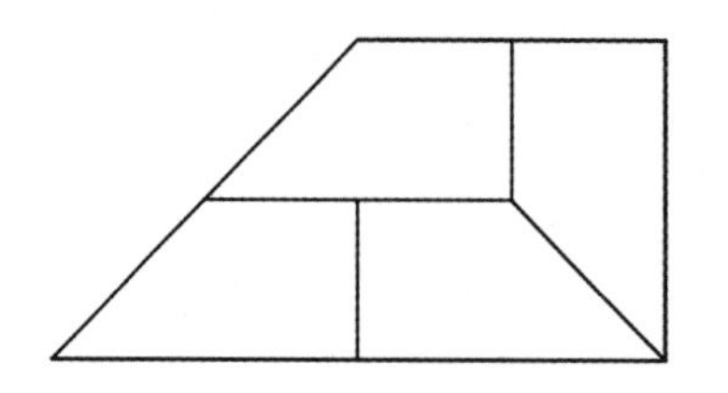
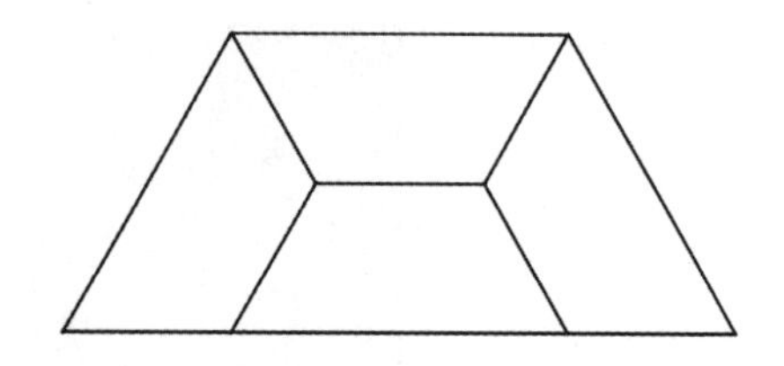

图 4

它们则对应了 $\frac{1}{4}+\frac{1}{16}+\frac{1}{64}+\cdots=\frac{1}{3}$ 的如图 5 所示的另外两种图形证明。

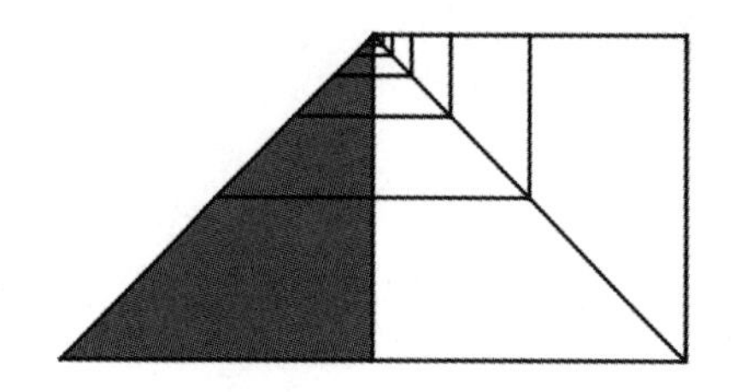
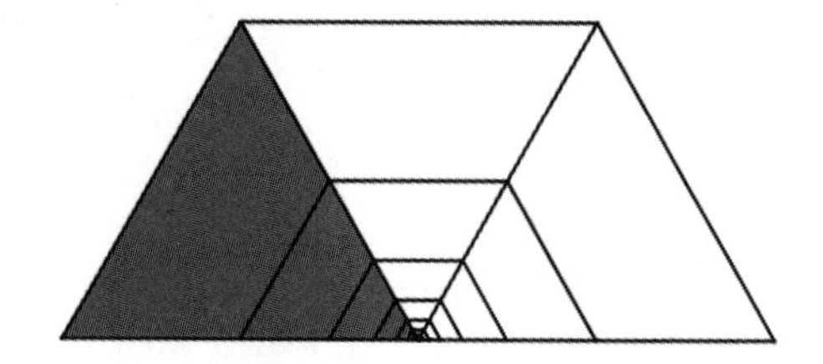

$$\frac{1}{4}+\frac{1}{16}+\frac{1}{64}+\cdots=\frac{1}{3}$$

图 5

不过，这都是以 $\frac{1}{4}$ 为底的几何级数。我们自然会想，有没有什么图形能够用来证明别的等式，比如 $\frac{1}{3}+\frac{1}{9}+\frac{1}{27}+\cdots=\frac{1}{2}$ 呢？按照上面的思路，我们首先需要找到这样的图形，它可以分成三个和自身相似的小块。这样的图形并不是没有，如图 6，有

30 度角的直角三角形以及长宽比为 $\sqrt{3}:1$ 的矩形都满足要求；但可惜，图中各个小块的排列位置很不理想，不断地选取整个图形的 $\frac{1}{3}$、$\frac{1}{9}$、$\frac{1}{27}$ 等等，并不能构成一个明显等于 $\frac{1}{2}$ 的区域。

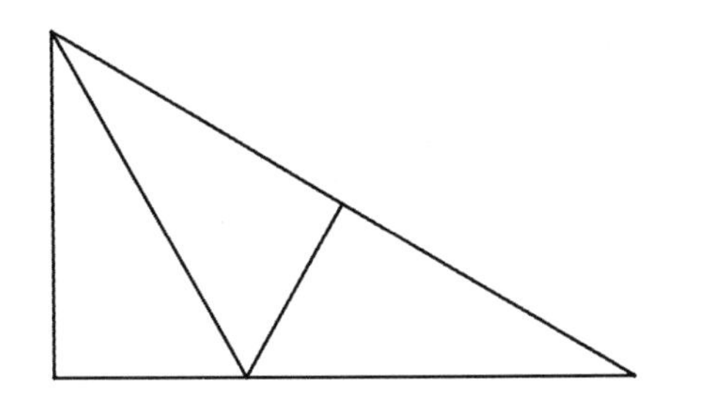
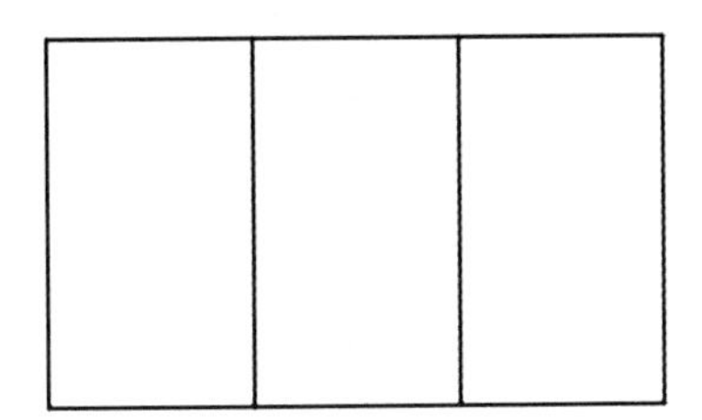

图 6

怎么办呢？别忘了，我们还有一种非常特殊的“自相似”图形——分形图形。在讲分形图形时，我们特别提到过，谢尔宾斯基三角形是最经典的分形图形之一，在后面将会有意想不到的用处。现在是时候兑现了。如图 7 所示，利用谢尔宾斯基三角形，我们能够立即说明 $\frac{1}{3}+\frac{1}{9}+\frac{1}{27}+\cdots=\frac{1}{2}$。

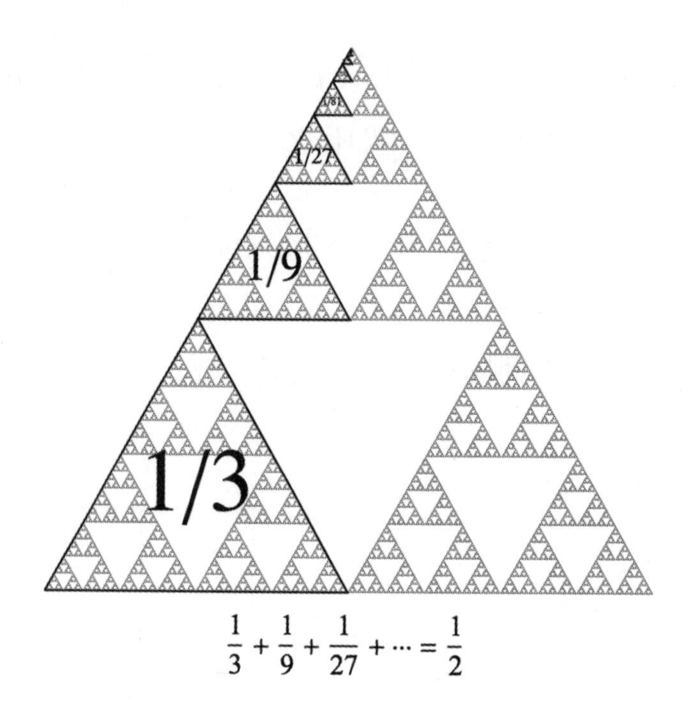

$$\frac{1}{3}+\frac{1}{9}+\frac{1}{27}+\cdots=\frac{1}{2}$$

图 7

而一个叫做维则克（Vicsek）雪花的分形图形（见图 8）则可以用来证明 $\frac{1}{5}+\frac{1}{25}+\frac{1}{125}+\cdots=\frac{1}{4}$。

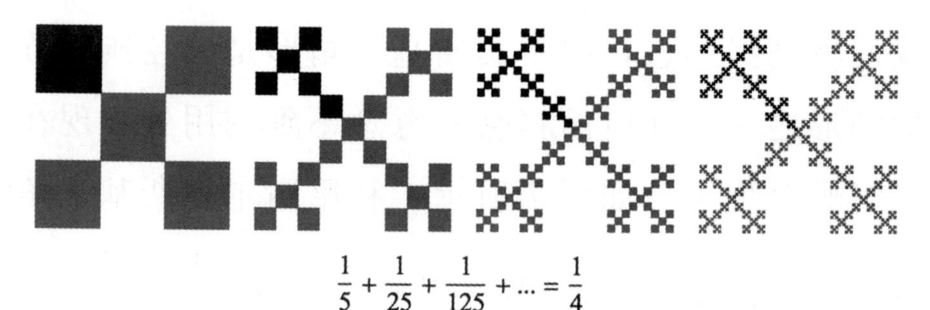

$$\frac{1}{5}+\frac{1}{25}+\frac{1}{125}+\ldots=\frac{1}{4}$$

图 8

其实，几何级数公式还有另一种思路完全不同的图形证明方法，它对任何底数都是适用的。对于任意一个 0 到 1 之间的实数 x，我们都可以用一连串相似的梯形来构造 x^n。只需要注意到图 9 中两个阴影三角形相似，便有 $x+x^2+x^3+\cdots=\frac{x}{1-x}$。

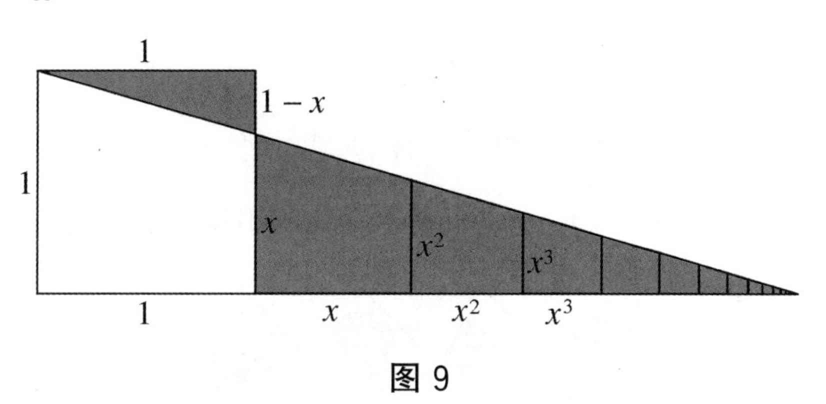

图 9

其他一些与数列求和有关的命题，也能用图形证明瞬间秒杀。图 10 所示的就是 $1+3+5+\cdots+(2n-1)=n^2$ 的图形证明。

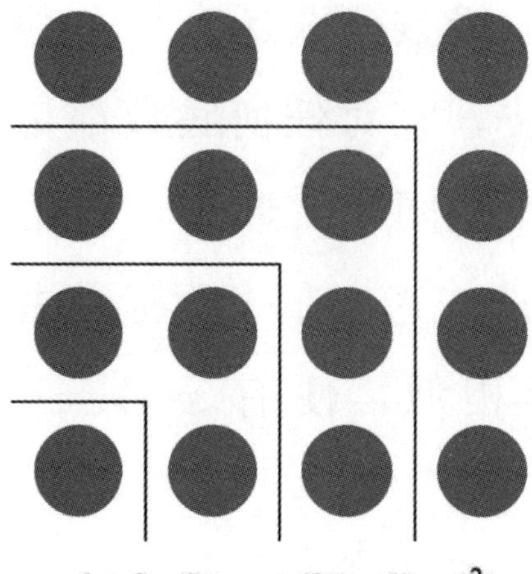

$1+2+3+\cdots+(2n-1)=n^2$

图 10

另一个有趣的例子则是 $1+2+\cdots+(n-1)+n+(n-1)+\cdots+1=n^2$，如图 11 所示。

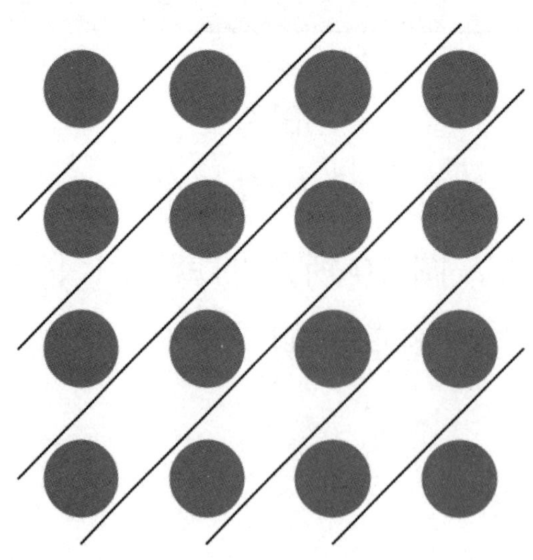

$1+2+\cdots+(n-1)+n+(n-1)+\cdots+1=n^2$

图 11

而斐波那契数列也有一个惊人的性质，即 $F_1^2+F_2^2+F_3^2+\cdots+F_n^2=F_n\cdot F_{n+1}$，从图 12 来看这几乎是显然的。

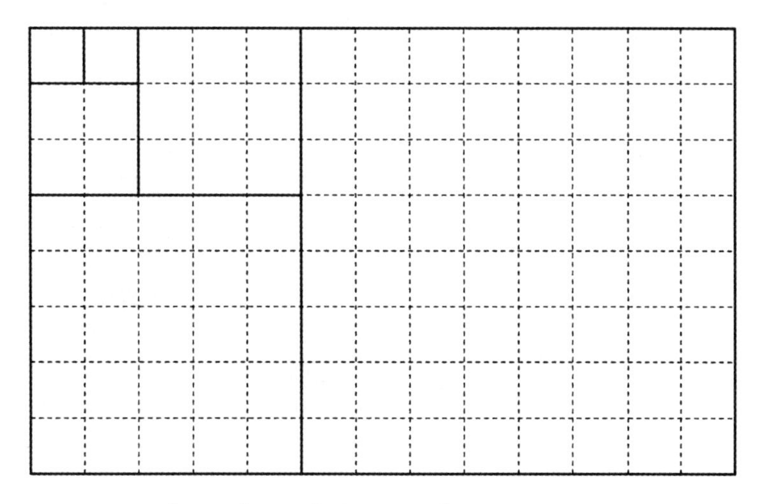

$$F_1^2+F_2^2+F_3^2+\cdots+F_n^2=F_n\cdot F_{n+1}$$

图 12

你知道吗？把可乐罐摆成边长为 n 的六边形阵，需要 $n^3-(n-1)^3$ 听可乐。用数学语言来说，就是第 n 个六边形数 h_n 等于 $n^3-(n-1)^3$。它的证明方法是我见过的最诡异的图形证明，见图 13。

事实上，不仅仅是数列问题，一些更纯粹的代数问题也能转化为图形证明。我最喜欢的是下面这个问题：若 a、b、c、d 都大于 0，求证 $\sqrt{a^2+b^2}+$

$\sqrt{c^2+d^2} \geqslant \sqrt{(a+c)^2+(b+d)^2}$。我常常拿这个问题去考我的朋友们，搞得他们抓耳挠腮，怎么也证不出来。公布答案后，对方总会大叫上当，随即惊叹证明竟然如此简单，见图 14。

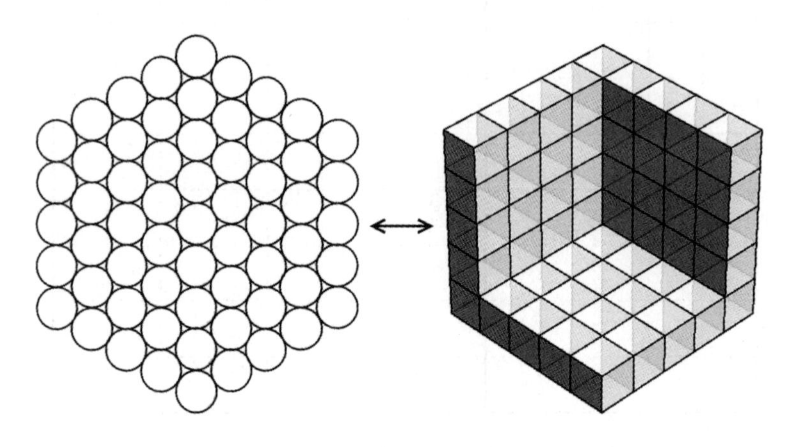

$h_n = n^3 - (n-1)^3$

图 13

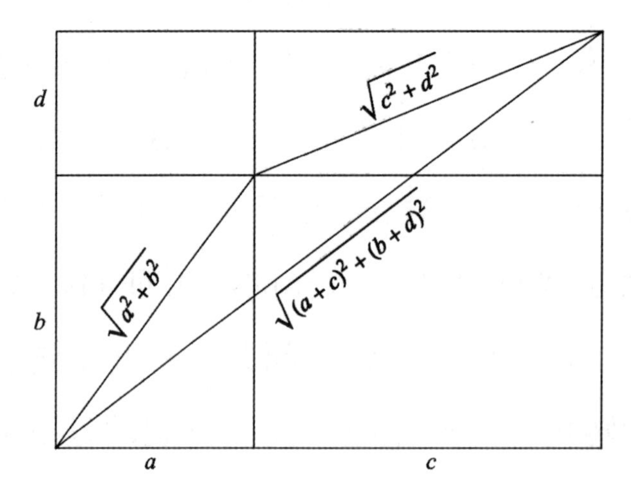

图 14

另一个有趣的数学事实是，如果两个分数的分子分母都是正数，则把它们的分子加在一起，分母加在一起，得到的新分数的大小一定在原来两个分数之间。它也能用图形方法迅速得证，而证明所用的图形竟然跟前一个问题中的图形一模一样。我们只需要把关注的重心从这几条斜线段的长度转移到它们的斜率即可，如图 15 所示。

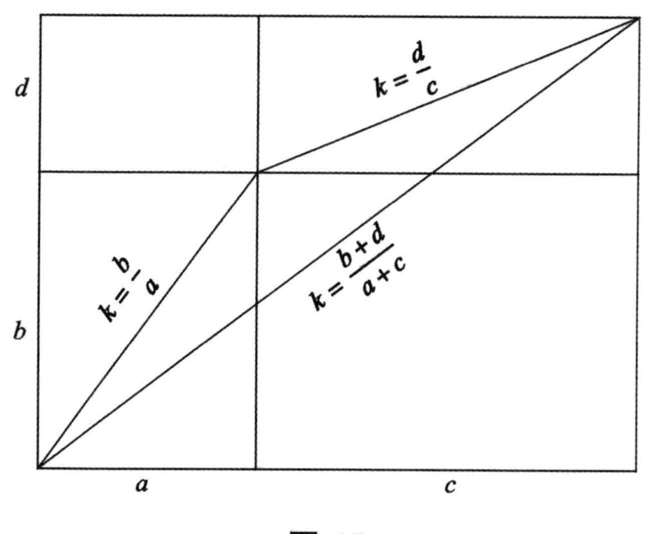

图 15

数学问答网站 MathOverflow 上曾经有人提问征集最漂亮的图形证明，得票最多的则是图 16 所示的这个证明。

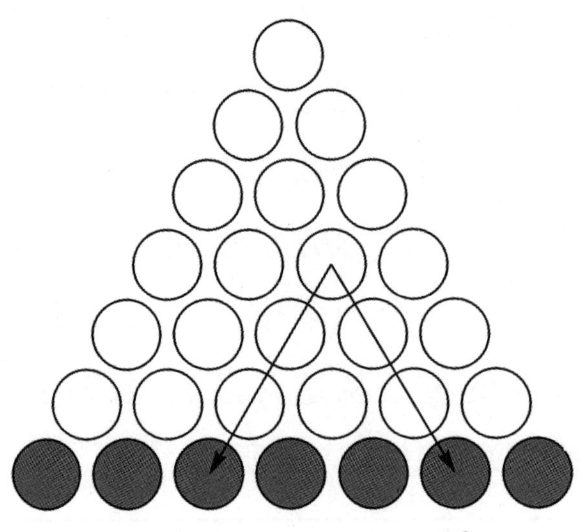

$$1+2+3+\cdots+(n-1)=C_n^2$$

图 16

10. 生成函数的妙用

在这一节中，你将会看到，我们是如何用全新的数学工具去解决一个数学难题的。

有这么一个经典的概率问题：平均需要抛掷多少次硬币，才会首次出现连续两个正面？答案是 6 次。它的计算方法大致如下。

首先，让我们来考虑这样一个问题：k 枚硬币摆成一排，其中每一枚硬币都可正可反；如果里面没有相邻的正面，则一共有多少种可能的情况？这可以用递推的思想来解决。不妨用 $f(k)$ 来表示摆放 k 枚硬币的方案数。我们可以把这些方案分成两类：最后一枚硬币是反面，或者最后一枚硬币是正面。如果是前一种情形，则我们只需要看前 $k-1$ 枚硬币有多少摆法就可以了；如果是后一种情形，那么倒数第二枚硬币必须是反面，因而这种情形下的方案数就取决于前 $k-2$ 枚硬币的摆放方案数。因此我们得到，$f(k)=f(k-1)+f(k-2)$。由于摆放一枚硬币有两种方案，摆放两枚硬币有三种方案，因而事实上 $f(k)$ 就等于 F_{k+2}，其中 F_i 表示斐波那契数列 1，1，2，3，5，8，…的第 i 项。

而“抛掷第 k 次才出现连续两个正面”的意思就是，最后三枚硬币是反、正、正，并且前面 $k-3$ 枚硬币中正面都不相邻。因此，在所有 2^k 种可能的硬币正反序列中，只有 F_{k-1} 个是满足要求的。也就是说，我们有 $\frac{F_1}{4}$ 的概率在第二次抛币就得到了连续两个正面，有 $\frac{F_2}{8}$ 的概率在第三次得到连续两个正面，有 $\frac{F_3}{16}$ 的概率在第四次得到连续两个正面……因此，我们要求的期望值就等于：

$$\sum_{k=1}^{\infty} k \times \frac{F_{k-1}}{2^k}=2\times\frac{1}{4}+3\times\frac{1}{8}+4\times\frac{2}{16}+5\times\frac{3}{32}+6\times\frac{5}{64}+7\times\frac{8}{128}+\cdots$$

不过，怎样求解这个无穷级数的和呢？你会发现，数学归纳法、求通项公式、错位相消等传统的数列求和方法此时似乎都没有了用武之地。现在，让我们来看看一种更加强大的数列处理工具——生成函数。

让我们先来说说什么是生成函数吧。生成函数就是对数列进行编码的一种方式。我们可以用一个无穷级数 $a_1 \cdot x^1 + a_2 \cdot x^2 + a_3 \cdot x^3 + \cdots$ 把整个数列的全部信息装进去，其中第 i 次项系数就表示数列的第 i 项。因此，斐波那契数列的生成函数就可以写成：

$$g(x) = x + x^2 + 2x^3 + 3x^4 + 5x^5 + 8x^6 + 13x^7 + \cdots$$

厉害就厉害在，我们可以把生成函数表示成一个更简单的形式。先来看看 $g(x) \cdot x$ 的结果：

$$g(x) \cdot x = x^2 + x^3 + 2x^4 + 3x^5 + 5x^6 + 8x^7 + 13x^8 + \cdots$$

再看看 $g(x) + g(x) \cdot x$ 的结果：

$$g(x) + g(x) \cdot x = x + 2x^2 + 3x^3 +$$

$$5x^4+8x^5+13x^6+21x^7+\cdots$$

你会发现，斐波那契数列的递推性质，使得上面这行式子与 $g(x)$ 本身非常相像。事实上，如果把 $g(x)$ 的每一项都除以 x，再减去最前面多出来的 1，就能得到上面的这行式子了。因此，我们有：

$$g(x)+g(x)\cdot x=\frac{g(x)}{x}-1$$

我们甚至可以就此解出 $g(x)$ 来：

$$g(x)=\frac{x}{1-x-x^2}$$

于是，整个无穷级数 $g(x)$ 被我们化简为了一个关于 x 的代数式！注意，虽然这个等式只在 x 充分小（小到级数 $g(x)$ 收敛）的时候才有意义，不过这并不妨碍我们用这个代数式来代表斐波那契数列的生成函数。我们可以把斐波那契数列看作生成函数的一个“展开”：

$$\frac{x}{1-x-x^2}=x+x^2+2x^3+3x^4+$$

$$5x^5+8x^6+13x^7+\cdots$$

也就是说，这么一个小小的代数式就容纳了斐波那契数列的全部信息！

生成函数是如此地具有代表性，以至于在研究数列时，我们常常会给出它的生成函数。在网络在线数列百科全书 oeis. org 中，生成函数几乎是必不可少的一项。例如，在斐波那契数列的描述中，FORMULA 一栏的第一行就是 G. f. ：x/（1－x－x^2），说的就是斐波那契数列的生成函数。

更绝的是，我们还可以直接对数列的生成函数进行变换，从而得到新的数列。比方说，在生成函数上再乘以一个 x，我们就会让每一项的 x 的指数加 1，从而让整个数列右移一位，得到了一个新的数列 F_{i-1}，即 0，1，1，2，3，5，…

$$\frac{x^2}{1-x-x^2}=x^2+x^3+2x^4+3x^5+$$

$$5x^6+8x^7+13x^8+\cdots$$

现在，我们需要用各种代数运算手段，对等式左边的生成函数进行变换，让等式右边的展开式变成本文开头的那个数列。什么操作能够同时让数列第 1 项除以 2，第 2 项除以 4，第 3 项除以 8，以此类推，让所有的第 i 项都除以 2^i 呢？我们可以把所有的 x 都用 $\frac{x}{2}$ 来替代：

$$\frac{\left(\frac{x}{2}\right)^2}{1-\frac{x}{2}-\left(\frac{x}{2}\right)^2}=\frac{x^2}{4}+\frac{x^3}{8}+\frac{2x^4}{16}+\frac{3x^5}{32}+\frac{5x^6}{64}+\frac{8x^7}{128}+\frac{13x^8}{256}+\cdots$$

化简一下：

$$\frac{x^2}{4-2x-x^2}=\frac{x^2}{4}+\frac{x^3}{8}+\frac{2x^4}{16}+\frac{3x^5}{32}+\frac{5x^6}{64}+\frac{8x^7}{128}+\frac{13x^8}{256}+\cdots$$

这就是数列 $\frac{F_{i-1}}{2^i}$ 的生成函数了。接下来，我们想要让第 i 项系数乘以一个 i，也就是想要让每一项的系数都乘以该项的次数，这该怎么办呢？最神奇的地方出现了——我们对生成函数进行求导：

$$\left(\frac{x^2}{4-2x-x^2}\right)'=2\times\frac{x}{4}+3\times\frac{x^2}{8}+4\times\frac{2x^3}{16}+$$

$$5\times\frac{3x^4}{32}+6\times\frac{5x^5}{64}+7\times\frac{8x^6}{128}+8\times\frac{13x^7}{256}+\cdots$$

也就是：

$$-\frac{(-2-2x)x^2}{(4-2x-x^2)^2}+\frac{2x}{4-2x-x^2}=$$

$$2\times\frac{x}{4}+3\times\frac{x^2}{8}+4\times\frac{2x^3}{16}+$$

$$5\times\frac{3x^4}{32}+6\times\frac{5x^5}{64}+7\times\frac{8x^6}{128}+8\times\frac{13x^7}{256}+\cdots$$

不过，求导的同时，x 的次数也移动了一位。我们在生成函数上再乘以 x，把 x 的次数纠正回来：

$$\left(-\frac{(-2-2x)x^2}{(4-2x-x^2)^2}+\frac{2x}{4-2x-x^2}\right)x=2\times\frac{x^2}{4}+$$

$$3\times\frac{x^3}{8}+4\times\frac{2x^4}{16}+5\times\frac{3x^5}{32}+6\times\frac{5x^6}{64}+$$

$$7\times\frac{8x^7}{128}+8\times\frac{13x^8}{256}+\cdots$$

这就是本文最初的那个数列的生成函数了。令 $x=1$，便有：

$$6=2\times\frac{1}{4}+3\times\frac{1}{8}+4\times\frac{2}{16}+5\times\frac{3}{32}+6\times\frac{5}{64}+7\times\frac{8}{128}+\cdots$$

答案跃然纸上！

11. 利用赌博求解数学问题

前一节的问题有一个非常自然的扩展：平均需要抛掷多少次硬币，才会首次出现连续的 n 个正面？显然，当 n 更大的时候，平均次数的计算将会更加复杂，很快就会演变成一大堆难以化简的代数式。有趣的是，这个问题的最终结论却出人意料地简单：为了得到连续 n 个正面，平均需要抛掷 $2^{n+1}-2$ 次硬币。简单美妙的结论让我们不由得开始思考，这个问题有没有什么可以避免复杂计算的巧妙思路？万万没有想到的是，在赌博问题的研究中，各种数学工具帮了不少大忙；而这一回，该轮到赌博问题反过来立功了。

设想有这么一家赌场，赌场里只有一个游戏：猜正反。游戏规则很简单，玩家下注 x 元钱，赌正面或者反面；然后庄家抛出硬币，如果玩家猜错了

他就会输掉这 x 元，如果玩家猜对了他将得到 $2x$ 元的回报（也就是净赚 x 元）。

让我们假设每一回合开始之前，都会有一个新的玩家加入游戏，与仍然在场的玩家们一同赌博。每个玩家最初都只有 1 元钱，并且他们的策略也都是相同的：每回都把当前身上的所有钱都押在正面上。运气好的话，从加入游戏开始，庄家抛掷出来的硬币一直是正面，这个玩家就会一直赢钱。但只要输了一次，玩家就会把身上的所有钱全部输光，并失去继续参与游戏的资格。我们假设，赌场老板有一个心理承受能力极限：一旦有人连赢 n 次，赌场老板便会下令停止游戏，关闭赌场。让我们来看看，在这场游戏中存在哪些有趣的结论。

首先，连续 n 次正面朝上的概率虽然很小，但确实是有可能发生的，因此总有一个时候赌场将被关闭。赌场关闭之时，赚到钱的人就是赌场关闭前最后进来的那 n 个人。每个人都只花费了 1 元钱，但他们却赢得了不同数量的钱。其中，最后进来的人赢回了 2 元，倒数第二进来的人赢回了 4 元，倒数第 n 进来的人则

赢得了 2^n 元（他就是令赌场关闭的原因），他们一共赚取了 $2+4+8+\cdots+2^n=2^{n+1}-2$ 元。其余所有人初始时的 1 元钱都打水漂了，因为没有人挺过了倒数第 $n+1$ 轮游戏。

那么，整场游戏对玩家更有利还是对赌场老板更有利呢？或者换个问法，平均情况下，赌场老板是赚了还是亏了呢？答案当然是既不赚也不亏。由于这个游戏是一个完全公平的游戏，因此平均情况下，赌场的盈亏应该是平衡的，赌场老板的停业措施并不能改变这一点。因此，有多少钱流出了赌场，平均就有多少钱流进赌场。既然赌场被赢走了 $2^{n+1}-2$ 元，因此赌场的期望收入也就是 $2^{n+1}-2$ 元。而赌场收入的唯一来源是每人 1 元的初始赌金，这就表明游戏者的期望数量是 $2^{n+1}-2$ 个。换句话说，游戏平均进行了 $2^{n+1}-2$ 次。再换句话说，平均抛掷 $2^{n+1}-2$ 次硬币才会出现 n 连正的情况。

12. 非构造性证明

一个无理数的无理数次方有可能是一个有理数吗?

答案是肯定的。考虑 $(\sqrt{2})^{\sqrt{2}}$，如果它是一个有理数，问题就已经解决了。如果它不是一个有理数，那么 $((\sqrt{2})^{\sqrt{2}})^{\sqrt{2}}=(\sqrt{2})^{\sqrt{2}\times\sqrt{2}}=(\sqrt{2})^{2}=2$ 就是一个有理数。无论如何，我们都能找到一个无理数的无理数次方是有理数的例子。

这是非构造性证明的一个经典例子。我们虽然证明了存在两个无理数 a 和 b，使得 a^b 是有理数，但我们无法给出一组 a 和 b 的具体值来。毕竟我们也不知道事实究竟是上述推理中的哪一种情况。

让我们来看一个更加典型的非构造性证明吧。我们把某个集合 X 的若干子集所组成的集合叫做 X 上的一个集族。考虑集合 X 上的一个集族，集族中的所有集合大小均为 d。如果我们对 X 中的元素进行适当的红蓝二着色之后，每个集合里面都含有两种不同颜色的元素，我们就说这个集族是可以二染色的。例如，当 $d=3$ 时，{1，2，3}、{1，2，4}、{1，3，4}、{2，3，5} 就是可二染色的，把 1、2 染成红色，把 3、4、5 染成蓝色，则每个集合里都含有两种颜色。是否存在 $d=3$ 时的不可二染色集族呢？当然存在。注意到，不管怎么对集合 {1，2，3，4，5} 中的元素进行二染色，我们总能找出三个颜色相同的元素，因此取集合 {1，2，3，4，5} 的全部（$C_5^3=10$ 个）元素个数为 3 的子集，总会有一个子集里面全是一种颜色。上述推理立即告诉我们，对于一个给定的 d，一定存在一个集合个数为 C_{2d-1}^{d} 的不可二染色集族。这个数目还能再少吗？我们想知道，不可二染色集族中的集合个数最少可以少到什么地步。一个极其简单的证明给出了一个下界：集族的大小一定大于 2^{d-1}。换句话说，对于任意一个集合个数不超过 2^{d-1} 的集族，一定存在一个二染色方案。

为了证明这一点，我们对 X 中的所有元素进行随机着色，每个元素被染成红色和蓝色的概率均等。那么，一个元素个数为 d 的集合中，所有元素均为同一种颜色的概率就应该是 $\frac{1}{2^{d-1}}$。如果集族内的集合个数只有不到 2^{d-1} 个，那么即使“各个集合中是否只含一种颜色”是互相独立的事件，这些事件的并集（即至少有一个集合内只含一种颜色）的概率也不超过 $\frac{1}{2^{d-1}} \times 2^{d-1}=1$，何况这些事件还不是独立的，因此存在单色集合的概率必然小于 1。这个概率值小于 1 说明什么？这说明，“至少有一个单色集合”并不是必然事件，一定有一种染色方案使得每个集合里都含两种颜色，换句话说就是该集族可以被二染色。

注意，我们用概率方法，证明了一个非概率型的事实！由此带来的另一个结果是，这是一个非构造性的证明。当 $d=3$ 时，这个定理告诉我们，任意一个只含 4 个集合的集族一定能被二染色。不过，我们只知道二染色的方案是存在的，却并不能给出一个具体的方案来。我们虽然证明了二染色方案一定存在，但证明过程却不能对我们寻找具体的方案给出任何提示。这就是非构造性证明的神奇之处。

在博弈论中，我们也有一些非构造性的证明。我们可以证明在某个游戏中，某位玩家有必胜的策略，但证明过程却不能告诉你，这个必胜策略究竟是什么。

记得我小学时就见过一个经典的奥数题目。两个人轮流在黑板上写一个不大于 10 的正整数。规定不准把已经写过的数的约数再写出来。谁最后没写的了谁就输了。显然，这个游戏是没有平局的，即使双方在每一步都使出最优策略，最终也还是有一个人会赢有一个人会输。也就是说，在这个游戏中，有一方玩家是可以必胜的。问是先写的人必胜还是后写的人必胜，必胜策略是什么？

答案很巧妙。先写者有必胜策略。他可以先写下数字 6，现在就只剩下 4、5、7、8、9、10 可以写了。把剩下的这 6 个数分成三对，分别是（4，5）、（7，9）、（8，10），每一对里的两个数都不成倍数关系，且 8 和 10 各自的约数恰好也在同一对里。因此不管你写什么数，我就写它所在的数对里的另一个数，这样可以保证我总有写的。

这个问题有一个很自然的扩展：规则不变，可以写的数扩展到所有不大于 n 的正整数。对于哪些 n 先写者必胜？证明你的结论。

其实，不管 n 是多少，先写者总有必胜策略。这时，就该轮到非构造性证明出场了。考虑一个新的规则“不准写数字 1”。如果加上这个新规则后先写者有必胜策略，那么这个策略对于原游戏同样适用（因为 1 是所有数的约数，在先写者写完第一个数后，1 本来就不能写了）；如果在新规则下后写者必胜，则原游戏中的先写者一开始就把数字 1 写在黑板上，然后他就变成了新规则下的后写者。于是不管怎么样，先写者总是有必胜策略。

这种博弈游戏的分析技巧叫做“策略偷换”（strategy-stealing）。它的另一个经典例子是

Chomp 游戏。游戏在一块矩形的巧克力上进行，巧克力被分为 $M \times N$ 块。两人轮流选择其中一个格子，然后吃掉这一格及它右边、下边和右下角的所有格子。最左上角的那一块巧克力有毒，谁吃到谁就输了。图 1 是一个可能的对战过程。我们可以用类似的方法证明先手必胜。假设后手有必胜策略，那么先手把最右下角的那一块取走。注意到接下来对方不管走哪一步，最右下角的那一块本来也会被取走，因此整个棋局并无变化，只是现在的先手扮演了后手的角色，可以用后手的那个必胜策略来应对棋局，这样便巧妙地"偷"走了后手的必胜策略。

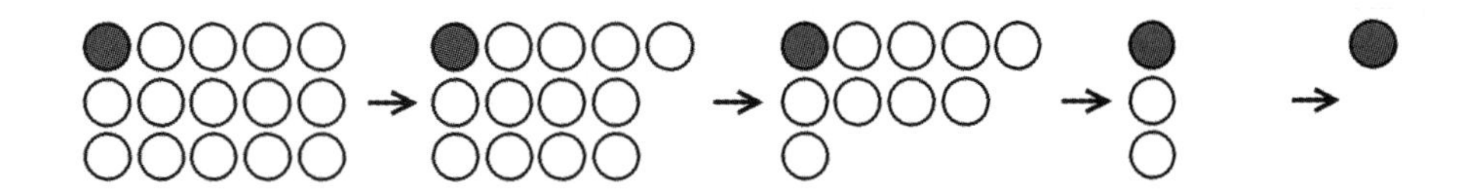

图 1

对于一些可能出现平局的游戏，我们也可以用类似的方法证明后手不可能有必胜策略。比如对于五子棋游戏（假设棋盘大小有限，并且没有禁手等规则），假设后手有必胜策略，那先手就随便走一步，以后就装成是后手来应对。如果在哪一步需要先手在已经下过子的地方落子，他就再随便走一步就是了。这样一来，先手便偷走了后手的必胜策略了，反而成了必胜的一方。这就说明，后手是不可能有必胜策略的。这种证明方法成立的前提就是，多走一步肯定不是坏事。事实上，对于所有这种"多走一步肯定不是坏事"且信息透明、决策对称的游戏，我们都可以证明后手是没有必胜策略的。既然后手没法必胜，那么我们立即可知：先手是一定有不败策略的。

不过，再次回到本节最开始的话题：我们虽然证明了谁有必胜策略或者谁有不败策略，但我们完全不知道具体的策略是什么！

13. 小合集（三）：数字问题

在前两个证明小合集中，我们看到了大量精彩的几何问题，以及几何图形在证明中的应用。在本部分的最后一节，让我们来欣赏一些数字问题吧。这些问题的证明大多是构造性的，其中有些构造非常大胆，同样令人叹服。

有两个数字类的问题我特别喜欢。先从第一个问题说起吧。

2 的 5 倍是 10，3 的 37 倍是 111，4 的 25 倍是 100……是否对于任意正整数 n，都能找到一个 n 的倍数，它全由数字 0 和 1 构成？

答案是肯定的。它的证明过程如下。

考虑数列 1，11，111，1111，…。由于一个正

整数除以 n 的余数只有 n 种可能，因此数列的前 $n+1$ 项中一定有两项，它们除以 n 的余数相同。这两项的差即满足条件。

在很多数字问题中，我们都会用到这样的思路。再看下面这个问题。

求证：存在一个正整数 n，使得 3^n 的末三位是 001。

证明如下。

由于 3 的幂有无限多个，但末三位只有 1000 种情况，因此我们一定能找到两个数 3^p 和 3^q，使得它们的末三位一样。不妨假设 $p>q$，于是 3^p-3^q 能被 1000 整除，即 $3^q(3^{p-q}-1)$ 能被 1000 整除。然而，3^p 与 1000 没有公因数，因此 $3^{p-q}-1$ 一定能被 1000 整除。也就是说，3^{p-q} 的末三位是 001。

这让我想起了下面这个问题。

不用计算，写出 99 999 的平方的末五位。

利用平方差公式可以很快得出答案：

由于 $99\,999^2-1$ 可以写成 $(99\,999+1)(99\,999-1)$，可见 $99\,999^2-1$ 能被 100 000 整除，也就是说 $99\,999^2-1$ 的末五位一定是 00 000，因此 $99\,999^2$ 的末五位一定是 00 001。

和大家分享一个非常捉弄人的题目：

899 是质数吗？

答案同样会用到平方差公式：

不是。因为 $899=900-1=30^2-1^2=(30+1)(30-1)=31\times29$。

这题妙就妙在，31 和 29 正好都是质数！如果用试除法，你必须要验证到最后才能得出正确结论。

初中数学竞赛中有一道与此相关的经典题目。

求证：当 n 是大于 1 的正整数时，n^4+4 一定不是质数。

答案如下：

$n^4+4=n^4+4n^2+4-4n^2=(n^2+2)^2-(2n)^2=(n^2+2+2n)(n^2+2-2n)$，由于 n 是大于 1 的正整数，易证最后所得的两个乘数也都是大于 1 的正整数。因此，n^4+4 总能分解成两个大于 1 的正整数之积，即它一定不是质数。

另一个类似的问题则是：

求证：若 n 是正整数，则 n^2+n+1 一定不是完全平方数。

证明非常简单，继续往下看之前你不妨先想一想。

因为 $n^2<n^2+n+1<n^2+2n+1=(n+1)^2$，说明 n^2+n+1 严格地介于两个相邻的完全平方数

之间，因此它一定不可能是完全平方数。

哦，对了，说了这么久，我还没有提到第二个我最喜欢的数字问题呢。请看题目：

是否对于任意正整数 n，都能找到一个 n 的倍数，它含有从 0 到 9 所有的数字？

答案仍然是肯定的，它的证明更加简单。看了这个证明后，你一定会觉得自己笨死了。

假设 n 是一个 d 位数，那么 $1\,234\,567\,890\times10^d+1$ 和 $1\,234\,567\,890\times10^d+n$ 之间一定有一个数是 n 的倍数，它显然满足要求。

说到大胆疯狂的构造证明，不得不提到下面这个经典的定理：

证明，存在任意长的连续自然数序列，使得序列中的每一个数都是合数。

换句话说，相邻质数的间隔可以达到任意大。

这个定理有如下这个极其简单的构造性证明。

任取一个正整数 $n>1$。由于 $n!$ 里含有因子 2，因此 $n!+2$ 仍然能被 2 整除。同理 $n!+3$ 能被 3 整除，$n!+4$ 能被 4 整除，等等，一直到 $n!+n$ 能被 n 整除。因此，$n!+2$，$n!+3$，…，$n!+n$ 就是连续的 $n-1$ 个合数。由于 n 可以取到任意大，因此合数序列可以任意长。

另一个有趣的问题如下：

证明，对任意大的正整数 n，总能找到比 n 更大的三个正整数 a、b、c，满足 $a!b!=c!$。

也就是说，我们需要证明，$a!b!=c!$ 存在任意大的正整数解。答案如下：

注意到 $N\cdot(N-1)!=N!$。随便选一个正整数 $m>n$，令 $N=m!$，就有 $m!(m!-1)!=(m!)!$。

曾经见过下面这道更狠的数学竞赛题。

证明或推翻：$a^3+b^4=c^5$ 没有正整数解。

答案只有一句话，不知会让多少考生崩溃掉。

原命题是错误的。由于 $2^{24}+2^{24}=2^{25}$，因此 $(2^8)^3+(2^6)^4=(2^5)^5$。